国家出版基金资助项目
"十三五"国家重点图书
材料研究与应用著作

α-SiAlON陶瓷材料

α-SiAlON CERAMICS

叶 枫 著

周 玉 主审

哈尔滨工业大学出版社
HARBIN INSTITUTE OF TECHNOLOGY PRESS

内 容 简 介

SiAlON 陶瓷材料因其优异的抗氧化能力、化学稳定性、抗蠕变能力与耐磨性能,在机械、化工、冶金、生物和航空航天等领域具有广泛的应用前景,一直是材料科学领域关注的焦点之一。

本书集作者多年研究成果,主要介绍了 α-SiAlON 陶瓷材料的相关研究进展及发展趋势。本书各章节重点介绍了自韧化 α-SiAlON 陶瓷材料的成分设计、制备、组织演变、微结构控制、性能优化、强韧化机制及高温损伤行为与失效机理等诸方面内容。使读者对 α-SiAlON 陶瓷材料的微结构和性能优化与控制有全面和系统的了解。

本书可供从事陶瓷和陶瓷基复合材料研究和生产的工程技术人员使用,也可供相关专业师生参考。

图书在版编目(CIP)数据

α-SiAlON 陶瓷材料/叶枫著. —哈尔滨:哈尔滨工业大学出版社,2017.6

ISBN 978 - 7 - 5603 - 6217 - 5

Ⅰ.①α… Ⅱ.①叶… Ⅲ.①陶瓷–无机材料–研究 Ⅳ.①TQ174

中国版本图书馆 CIP 数据核字(2016)第 231826 号

材料科学与工程
图书工作室

策划编辑	许雅莹 杨 桦
责任编辑	范业婷 张 瑞
封面设计	卞秉利
出版发行	哈尔滨工业大学出版社
社 址	哈尔滨市南岗区复华四道街 10 号 邮编 150006
传 真	0451 - 86414749
网 址	http://hitpress.hit.edu.cn
印 刷	哈尔滨市石桥印务有限公司
开 本	660mm×980mm 1/16 印张 15.25 字数 260 千字
版 次	2017 年 6 月第 1 版 2017 年 6 月第 1 次印刷
书 号	ISBN 978 - 7 - 5603 - 6217 - 5
定 价	98.00 元

《材料研究与应用著作》

编 写 委 员 会

（按姓氏音序排列）

前　言

赛隆（SiAlON）陶瓷自 20 世纪 70 年代被成功合成以来，逐渐成为重要的高温结构材料。α-SiAlON 陶瓷在高温条件下具有良好的机械性能、抗热震性和抗氧化性，而且热膨胀系数小、化学稳定性高、耐腐蚀及耐磨性能优异，因此在工程上获得了广泛的应用。SiAlON 陶瓷既可作为发动机部件、轴承和密封圈等耐磨部件及刀具材料，还是其他热能设备高温部件的理想材料，在铜铝等合金冶炼、轧制和铸造上得到了应用，受到材料研究者的广泛关注。

但由于 α-SiAlON 陶瓷韧性较差，其进一步推广应用受到限制。自增韧 α-SiAlON 陶瓷的出现在很大程度上提高了该材料的断裂韧性，进一步拓宽了其应用领域。经过众多研究者的努力，自增韧 α-SiAlON 陶瓷的研究已经取得很大进展，然而，目前系统阐述自增韧 α-SiAlON 陶瓷制备与性能及相关研究的专著还很少。

本书是作者在多年 α-SiAlON 陶瓷材料研究成果基础上撰写而成，系统分析和阐述了 α-SiAlON 陶瓷材料的成分、制备工艺、显微结构对其力学性能、抗氧化性能、抗热震性能等的影响规律，提出了自韧化 α-SiAlON 陶瓷性能优化方法与途径，探讨了材料的自韧化机制与高温损伤机理。同时，对 SiAlON 陶瓷的自扩散连接以及 SiAlON 基超硬材料等进行了阐述。

本书可作为材料学专业本科生和研究生的专业参考书，也可供从事材料科学研究、生产、管理的科技人员使用和参考。

本书共分 11 章。第 3 章、第 9 章的 9.1.1 和 9.1.3 节由刘春凤撰写，第 4 章由刘利盟撰写，第 8 章由刘强撰写，其余各章节全部由叶枫撰写。全书撰写过程中由叶枫教授组织协调并最后统稿定稿，并经周玉院士审阅。

本书撰写过程中参考了国内外有关文献和著作，特向有关作者致谢，并向在本书出版过程中给予帮助和支持的所有人员表示感谢。由于作者水平有限，书中难免存在一些不当之处，敬请同行、读者批评指正。

作　者
2017 年 3 月

目　　录

第1章 绪 论

1.1 SiAlON 陶瓷的起源与种类

随着工业与现代化的迅猛发展,航空航天、机械、电子等领域对高性能工程材料的研发提出了迫切需要,促使材料制备工艺改进以及新型材料出现。20 世纪 60 年代,氮化硅陶瓷作为一种新材料成为工程应用中不可或缺的备选者。氮化硅优良的综合性能,如良好的高温性能、优良的抗磨损性、抗腐蚀性、高硬度以及高的热稳定性与机械稳定性能,使得氮化硅陶瓷日益广泛地应用于切削工具、轴承等耐磨部件以及涡轮转子、工程阀等高温结构部件[1,2]。这些性能主要源于氮化硅较强的 Si—N 之间的共价键结合能力。也正由于 Si—N 之间牢固的共价键的特性以及 Si_3N_4 的低扩散性使得纯氮化硅陶瓷很难烧结致密,因此,只有通过高压并添加烧结助剂促进其致密化[3]。然而这些液相在冷却过程中作为氧氮玻璃相残留于晶界,即使在后期烧结退火过程中,玻璃相也不能完全消除,晶间玻璃相在 1 000 ℃ 以上发生软化,从而影响了 Si_3N_4 陶瓷的高温力学性能,特别是高温强度和蠕变[4]。

在寻求更好的烧结助剂的过程中,发现了两种 Si_3N_4 固溶体,即 α-SiAlON 和 β-SiAlON,分别对应于 α-Si_3N_4 和 β-Si_3N_4[5,6]。SiAlON 陶瓷能够吸收液相组分进入它的结构中,从而减少了晶间相的含量,净化了晶界,对于提高材料的高温性能是极其有利的。另外,α-SiAlON 具有很高的硬度(HV,20 ~ 22 GPa),这将进一步促进其在工程上的应用。在氮化硅领域的研究中,最为重要的发现就是 β-Si_3N_4 和 β-SiAlON 在烧结过程中形成了长棒状的晶粒,对于获得高强度和韧性是极其有利的[7]。但是相似的试验手段制备的 α-SiAlON 陶瓷,晶粒却呈等轴状,具有较低的强度和韧性[8]。

直到 20 世纪 90 年代中期,自韧化 α-SiAlON 才得以发现,它们具有长棒状晶粒形貌并显示出自增韧性[9-11]。这一发现为 α-SiAlON 陶瓷提供了更为广阔的应用前景。

1.1.1　SiAlON 陶瓷

Oyama 等人[12]和 Jack 等人[5]最初报道了在 Si-Al-O-N 体系中,z 个 Al—O 键同时代替 z 个 Si—N 键,这样既保证价态平衡又没有任何外在缺陷形成。这样的固溶体通常被认为是 β-SiAlON,它的结构是以 β-Si_3N_4 为基础,其通式为 $Si_{6-z}Al_zO_zN_{8-z}$,z 值对应于 Al—O 键溶入 Si_3N_4 结构中的量,一般 $0 \leqslant z \leqslant 4.2$,因此金属与非金属的原子比总是保持为 $3:4$。β-SiAlON 的形成可以通过如下的反应来实现:

$$\left(2-\frac{z}{3}\right)\beta\text{-}Si_3N_4+\frac{z}{3}AlN+\frac{z}{3}Al_2O_3 \longrightarrow Si_{6-z}Al_zO_zN_{8-z} \tag{1.1}$$

由于 Al—O(0.175 nm)和 Si—N(0.174 nm)的键长很接近,因此不存在任何空位和间隙原子的产生。β-SiAlON 的原子排列方式与 β-Si_3N_4 相同,为置换式固溶体[13],如图 1.1(a)所示。但是由于 Al—O 比 Si—N 的键长略长,所以固溶后晶胞参数略有增加,而且随着固溶量(z 值)的增加而增大,表示如下[14]:

$$\begin{cases} a/nm=0.760\,3+0.002\,96z \\ c/nm=0.290\,7+0.002\,55z \quad (0 \leqslant z \leqslant 4.2) \end{cases} \tag{1.2}$$

在发现 β-SiAlON 不久,Jack 等人[5]就报道了 α-Si_3N_4 的固溶体 α-SiAlON 形成需要两种机制同时起作用[8],一种机制与 β-SiAlON 的形成机制类似,即 n(Al—O)键代替 n(Si—N)键,这种替代将不引起任何价态的不平衡;另一种机制是 m(Al—N)键替代 m(Si—N)键,这种替代引起的价态不平衡则由金属离子固溶进入 α-Si_3N_4 的大间隙位置得到补偿,而且这种金属离子的填隙同时起到了稳定 α-SiAlON 结构的作用,如图 1.1(b)所示。α-SiAlON 的通式为 $M_xSi_{12-(m+n)}Al_{m+n}O_nN_{16-n}$,其中 $x=m/v$,v 是金属(用 M 表示,以下同)阳离子的化合价。α-SiAlON 的形成可能通过如下的化学反应来完成:

$$\frac{1}{3}(12-m-n)Si_3N_4+\frac{1}{3}(4m+3)AlN+(m/2v)M_2O_v+$$

$$\frac{1}{6}(2n-m)Al_2O_3 \longrightarrow M_xSi_{12-m-n}Al_{m+n}O_nN_{16-n} \tag{1.3}$$

金属离子进入间隙位置稳定 α-SiAlON 的能力一般由其离子半径确定,只有那些离子半径小于 0.1 nm 的阳离子才适宜进入到空隙位置,如 Li^+、Mg^{2+}、Ca^{2+} 等金属阳离子[15,16]及除 La、Ce、Pr 和 Eu 等较大的离子之外的大部分稀土阳离子[17,18]。

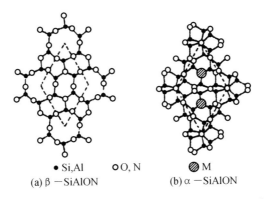

● Si,Al　　　○O, N　　　◉M

(a) β － SiAlON　　　　(b) α － SiAlON

图 1.1　两种 SiAlON 晶体结构垂直于 c 轴的投影图[13]

α-SiAlON 的原子排列方式与 α-Si₃N₄ 相同，它是置换型与间隙型共存的固溶体，固溶度随金属阳离子的种类而异。因为每个 α-Si₃N₄ 结构中最多只有两个大的空位，所以填隙阳离子的固溶量最大不会超过 2。目前的报道中，每个单胞中间隙原子的最大固溶量为 1.6[19]，至今还没有发现两个间隙位置完全被阳离子占据的情况。

因为 Al—O(0.174 nm) 键和 Al—N(0.187 nm) 键与 Si—N(0.175 nm) 键的键长各不相同，当前者取代后者时，会引起晶胞参数的变化。其中 α-SiAlON 的大的膨胀量主要源于 Al—N 键替代 Si—N 键，而 Al—O 键替代 Si—N 键的影响则非常小，与金属阳离子的类型基本无关[20]。Z. J. Shen 等人提出 α-SiAlON 相中 x 值可以通过下列公式中计算的 x_a 和 x_c 的平均值获得[21]：

$$\begin{cases} a/\mathrm{nm}=0.775+0.015\,6x_a \\ c/\mathrm{nm}=0.562+0.016\,2x_c \end{cases} \tag{1.4}$$

Hampshire 提出了晶胞参数的增量与取代量的关系[6]：

$$\begin{cases} \Delta a/\mathrm{nm}=0.004\,5m+0.000\,9n \\ \Delta c/\mathrm{nm}=0.004\,0m+0.000\,8n \end{cases} \tag{1.5}$$

α-SiAlON 的晶胞参数除了与 m、n 有关外，还与取代的金属离子的离子半径、离子的电子云形状等有关。对于 Y-α-SiAlON，孙维莹等人提出了修正公式[22]：

$$\begin{cases} \Delta a/\mathrm{nm}=0.004\,5m+0.000\,9n \\ \Delta c/\mathrm{nm}=0.004\,8m+0.000\,8n \end{cases} \tag{1.6}$$

对 Ca-α-SiAlON($m=2n$)，王佩玲得到了修正后的晶胞参数与溶解度 x 值之间的关系为[23]

$$\begin{cases} \Delta a/\text{nm} = 0.015\ 6x \\ \Delta c/\text{nm} = 0.011\ 5x \end{cases} \tag{1.7}$$

1.1.2　AlN-多型体

在 M–Si–Al–O–N 体系中,除了两种重要的固溶体 α–SiAlON 和 β–SiAlON 外,还存在另外一种固溶体,即 AlN-多型体。它存在于 β–SiAlON 和 AlN 之间,6 种 AlN-多型体具有一定的 M/X 值,并沿相同方向有一定的固溶度,其组成可以表示为 $M_m X_{m+1}$,M 为金属原子 Al 或 Si,X 为非金属原子 N 或 O,m 为整数。6 种 AlN-多型体以 Ramsdell 符号分别命名为 8H、15R、12H、21R、27R 和 $2H^\delta$。以 H 命名的为六方结构,每个晶胞有两个结构基块,每个基块中含有 n/2(n 为 H 或 R 前面的数字)层 Al(Si)–N(O) 层。以 R 命名的为斜方结构,每个晶胞中有 3 个结构基块,每一基块中含有 n/3 层 Al(Si)–N(O) 层,δ 表示在 MX_2 层发生了错排。AlN-多型体的晶胞参数和组分见表 1.1[24]。

表 1.1　AlN-多型体的晶胞参数和组分[24]

类型	M/X	a/nm	c/nm	c/n	组　分
8H	4/5	0.298 8	2.302	0.288	$3AlN \cdot SiO_2$
15R	5/6	0.301 0	4.181	0.279	$4AlN \cdot SiO_2$
12H	6/7	0.302 9	3.291	0.274	$5AlN \cdot SiO_2$
21R	7/8	0.304 8	5.719	0.278	$6AlN \cdot SiO_2$
27R	9/10	0.305 9	7.198	0.267	$8AlN \cdot SiO_2$
$2H^\delta$	>9/10	0.307 9	0.53	0.265	——
2H	1/1	0.311 4	0.498 6	0.249	AlN

AlN-多型体在结构上很相似,均是以母体 AlN 相的纤锌矿结构为基础。与 2H 的 AlN 相比,由于 SiO_2 固溶进入,在结构上也发生了一些变化。第一,对于六方结构的多型体,在每个结构基块中增加了一个 MX_2 层。与 AlN 的 MX 层不同,MX_2 层中全部的四面体中心都被填充,这样相邻的顶点向下和顶点向上的两个四面就必须共用一个原子面。在斜方结构的 15R、21R 等多型体中,M_2X_3 代替 MX_2,它在结构上与 MX_2 相似,因此可等价看作($MX+MX_2$)。第二,在每个结构块中有一个 MO 层,固溶的 O 原子与 Al 原子为六配位,形成 Al–O 六面体层。

AlN-多型体的晶粒形貌一般呈纤维状,倾向于沿六方晶系的 a 轴生长。不同 AlN-多型体在晶粒形貌上存在一些差别,通常 15R 粒径较小,长径比为 15～20,而 21R 晶粒呈粗大板条状,长径比在 10 以下[25]。研究表明它们的力学性能均较低,但具有较高的耐火度和良好的高温性能[26,27]。

1.1.3　SiAlON 体系的相关系

SiAlON 大都属于四元或五元体系,其表述方式是在描述 Si_3N_4-AlN-SiO_2-Al_2O_3 体系的关系时提出的[28]。Si-Al-O-N 体系作为四元体系通常使用规则的四面体来表示,每个角都代表这些元素的一个原子。在 SiAlON 结构中,主要是靠共价键来连接的,在图 1.2 中,沿着四面体的每个边都有 12 个等价电荷,只在每个四面体边的中点处遵循电荷中和原理[29]。位于正方形 4 个角的成分分别是 Si_3N_4、Al_4N_4、Al_4O_6 和 Si_3O_6。其中所有成分的 Si^{4+}、Al^{3+}、N^{3-} 和 O^{2-} 都位于这个正方形平面上。图 1.3 为 Si_3N_4-AlN-SiO_2-Al_2O_3-YN-Y_2O_3 体系在 1 750 ℃ 时的相图[30],β-SiAlON 固溶体沿着图 1.3[30] 中的 Si_3N_4-AlN:Al_2O_3 线形成,它的成分中含有大量的 Al 和 O,通常被设计成 $β_{10}$($z=0.77$)、$β_{20}$($z=1.5$)、$β_{30}$($z=2.18$)和 $β_{60}$($z=0.4$),z 为 β-SiAlON 通式中的 z 值。

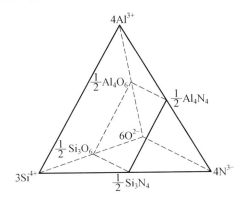

图 1.2　描述 Si-Al-O-N 体系的规则四面体[29]

α-SiAlON 的通式为 $M_xSi_{12-(m+n)}Al_{m+n}O_nN_{16-n}$,其相图用一个 Janecke 三棱柱来表示[31],它是 Si_3N_4-AlN-SiO_2-Al_2O_3 体系的平面相图的三维扩展。这样就形成了 AlN-Al_2O_3-YN-Y_2O_3 体系和 Si_3N_4-SiO_2-YN-Y_2O_3 体系的两个正方形,而且左边三角形平面代表氮化物体系,右边的三角形平面代表氧化物体系。这些相图表示方式很容易理解并且易于解释实验现象,但是在 M-Si-Al-O-N 体系中相关系非常复杂,常将 Janecke 三棱柱切割成一些三角形平面来加以研究,如 Si_3N_4-SiO_2-Y_2O_3、Si_2N_2O-SiO_2-Y_2O_3 等平面[32]。

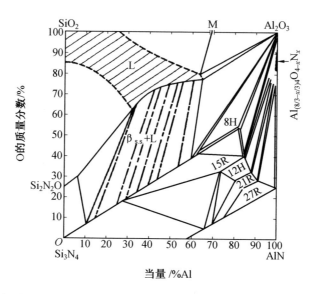

图 1.3 Si_3N_4-AlN-SiO_2-Al_2O_3-YN-Y_2O_3 体系在 1 750 ℃时的相图[30]

图 1.4 所示的 Janecke 三棱柱中,Si_3N_4-Al_2O_3:AlN-YN:3AlN 所构成的平面为 α-SiAlON 固溶体存在区域,通常被称为 α-SiAlON 平面[8],可以发现在靠近 Si_3N_4 的方向,即低 m 值组分,α-SiAlON 与 β-SiAlON 共存,关于 α-SiAlON 的研究,大多为了减少晶间相,因此多取该区域的组分。当 m 值升高,超出 α-SiAlON 的固溶范围时,会得到许多狭小的由α-SiAlON、AlN 多型体和液相构成的相容三角形。

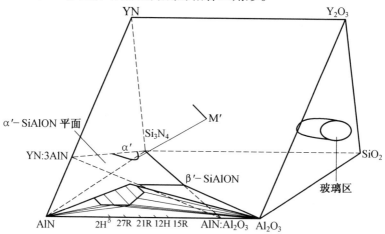

图 1.4 Y-Si-Al-O-N 体系的 Janecke 三棱柱[31]

金属离子在 α-SiAlON 中的固溶度随着离子尺寸的变化而变化,离子半径较小的金属离子,固溶度范围较大,但最小固溶量则与稀土的种类无关[19]。然而,稀土离子尺寸对固溶量的明显影响只有沿 Si_3N_4-R_2O_3：9AlN 线的情况下被确定了。目前,只确定了 Y 和 Sm 两种稀土离子稳定 α-SiAlON 相在 α-SiAlON 平面上的相区范围[22,33],且 α-SiAlON 相区随稀土原子序数的增大而增大[34],形成单相 α-SiAlON 的 m_{max} 随稀土原子序数的增加而增大,而 m_{min} 则基本相同,约为 0.1,n_{max} 对 Nd-α-SiAlON 体系为 1.0,对其他体系为 1.2[21,33,35]。此外,α-SiAlON 的稳定范围还与温度有关,降低温度,α-SiAlON 的单相区变小[36]。

1.2 SiAlON 陶瓷的制备

SiAlON 陶瓷的组分中富氮导致其扩散性低,进而传质速率降低,为了获得致密的陶瓷材料,必须采用液相烧结机制来完成[28]。根据 Kingery 模型[37],液相烧结包括三个阶段:①颗粒重排;②溶解-扩散-沉淀析出过程;③固态颗粒相互作用。

添加烧结助剂是液相烧结 SiAlON 陶瓷的前提条件。在烧结初期,添加的氧化物烧结助剂与 Si_3N_4 表面的 SiO_2 形成液相,液相在固体颗粒表面的润湿产生表面张力,在其作用下,颗粒发生重排。颗粒重排的特点包括:①润湿固体颗粒的同成分液相的均匀分布;②固体颗粒的固溶;③较高的固溶比。颗粒重排对致密化程度的影响主要由出现的液相含量、黏度以及其润湿能力来决定[28]。液相含量越高、液相黏度越低,致密化越快[38-40]。由于气孔减少,系统表面能降低,致密化程度增加。在粉末烧结过程中,这一阶段是非常简单的。在烧结的第二阶段,包括原始粉末在液相中的溶解和新相(β-SiAlON、α-SiAlON)的沉淀析出。在这一过程中,液相的黏度和含量都会影响到扩散速度,而且新相的形核和界面反应也会影响到致密化程度。目前,在溶解-沉淀析出阶段对粉末烧结的影响方面已做了很多研究,早期研究认为相变促进致密化[41],但后来的进一步研究指出致密化主要发生在颗粒重排和溶解过程中[42],且仅伴随着少量的 α-Si_3N_4 粉末的相变,就能获得完全致密的 α-SiAlON 陶瓷。

事实上,SiAlON 陶瓷的烧结致密化行为要复杂得多,因为在烧结过程中,要涉及一些中间相的形成、相变的发生以及固溶进入 Si_3N_4 结构的液相成分等诸多因素[43-46];而且由于动力学因素,一些中间相总是或多或少地保留下来;并且在晶界上还会残留玻璃相,这些都可能导致最终的相组成与设计组分有一定的偏离。

在液相烧结原理的基础上,多种烧结技术已经被应用到 SiAlON 陶瓷的制备过程中,除了最常用的热压烧结(HPS)[47]、无压烧结(PLS)[46]、气压烧结(GPS)[48]、热等静压烧结(HIPS)[49] 以及等离子烧结(SPS)[43] 等。在添加适量金属氧化物或稀土氧化物烧结助剂的条件下,采用无压烧结即可制得致密的 β-SiAlON 陶瓷[50]。

1.3　SiAlON 陶瓷的显微组织与性能特点

SiAlON 陶瓷中的相组成对其最终组织有很大影响。通常,α-SiAlON 相具有等轴晶粒形貌,而 β-SiAlON 晶粒呈长棒状,并具有六方棱柱形。材料的组织结构很大程度上决定其性能,包括相的类型、含量、分布、尺寸、形状及取向等。在 SiAlON 陶瓷中,主晶相、二次析晶相和非晶玻璃相的含量、分布、尺寸及形貌都是确保材料的性能及可靠性的决定因素。表 1.2 列出了各 SiAlON 陶瓷的形貌及力学性能特点[8,29,34,51]。

表 1.2　SiAlON 陶瓷的形貌及力学性能特点[8,29,34,51]

陶瓷	形貌	力学性能	
		硬度/GPa	断裂韧性/(MPa·m$^{1/2}$)
α-SiAlON	等轴状	20~22	2.5~3.5
	长棒状	20~22	5~6.5
β-SiAlON	长棒状	14~16	5~7
α+β-SiAlON	长棒和等轴状共存	16~18	5~6

β-SiAlON 陶瓷具有典型的高弯曲强度,通常在 800 MPa 以上,甚至超过 1 GPa。而 α-SiAlON 陶瓷由于其等轴状晶粒形貌,使得其具有相对较低的弯曲强度,典型强度值在 300~500 MPa[52]。自增韧 α-SiAlON 陶瓷中,由于晶粒呈现长棒状形貌,使得它的弯曲强度增加[53]。

SiAlON 陶瓷的硬度主要是由其相组成决定的,α 相含量越高,硬度越大。α-SiAlON 陶瓷比 β-SiAlON 陶瓷的硬度高约 40%;两相 α+β-SiAlON 复合陶瓷的硬度随两相比不同而呈线性变化[54]。显微硬度与晶粒尺寸的关系很复杂,它依赖于压深率的大小。高温下,陶瓷的硬度还要依赖于玻璃晶间相的软化点。

SiAlON 陶瓷的断裂韧性主要由其组织形貌来决定,而且因测量方法的不同而略有差异[55]。同其他陶瓷相比,β-SiAlON 陶瓷具有较高的断裂韧性,主要是由于其组织结构中的长棒状晶粒具有类似纤维增韧陶瓷的效果。而 α-SiAlON 陶瓷由于其本征的等轴晶粒形貌使得其断裂韧性较低;自韧化 α-SiAlON 陶瓷由于长棒状晶粒的形成促进了陶瓷断裂韧性的提高[11]。

1.4 自韧化 α-SiAlON 陶瓷

影响 α-SiAlON 陶瓷具有长棒状晶粒形貌的因素可广义地分为三类:掺杂稀土氧化物的类型、烧结工艺以及试样成分。自增韧 α-SiAlON 陶瓷制备之初,主要依靠控制 α-SiAlON 的形核及形核速率来实现,使用 β-Si₃N₄ 代替 α-Si₃N₄ 作为原材料,或在烧结过程中加入 α-SiAlON 晶种,控制晶种的数量和尺寸等。后来,研究者发现体系液相含量的多少对晶粒的形貌也具有重要影响,因而掺杂氧化物的类型选择就显得格外重要。此外,选择不同的烧结方式,如烧结温度、加热速度等也会对自韧化的实现产生影响,新型的烧结技术,如等离子烧结(SPS)等快速烧结工艺被采用[9,56-58]。

1.5 SiAlON 陶瓷的应用

SiAlON 陶瓷优异的综合性能,使得其在金属切割工具、金属成型工具、变温热机或能源系统等方面都具有广泛应用。具体来说,鉴于其低温优异的抗磨损性能,SiAlON 陶瓷可用作研磨介质;中高温良好的耐化学腐蚀性使其在有色金属线或管的拉拔模具、密封、轴承或阀等部件中有较大应用;其突出的力学和耐化学腐蚀性使其用作高温金属切割。

参考文献

[1] 周玉. 陶瓷材料学[M]. 2 版. 北京:科学出版社, 1995: 315-378.
[2] 斯温 M V. 材料科学与技术丛书:第 11 卷 陶瓷的结构与性能[M]. 郭景坤, 译. 北京:科学出版社, 1998: 110-111.
[3] DEELEY G G, HERBERT J M, MOORE N C. Dense silicon nitride[J]. Powder Metall, 1961, 8: 145-151.
[4] PETZOW G, HERRMANN M. High performance non-oxide ceramics Ⅱ:

Structure and Bonding Silicon nitride ceramics [M]. Berlin: Springer-Verlag Berlin Heidelberg, 2002, 102: 47-167.

[5] JACK K H, WILSON W I. Ceramics based on the SiAlON and related systems[J]. Nature: Phy. Sci. , 1972, 238: 28-29.

[6] HAMPSHIRE S, PARK H K, THOMPSON D P, et al. α-SiAlON ceramics[J]. Nature, 1978, 274: 880-882.

[7] LANGE F F. Frature toughness of Si_3N_4 as a function of the initial α-phase content[J]. J. Am. Ceram. Soc. , 1979, 62(7-8): 428-430.

[8] EKSTROEM T, NYGREN M. SiAlON ceramics [J]. J. Am. Ceram. Soc. , 1992, 75(2): 259-276.

[9] WANG H, CHENG Y B, MUDDLE B C, et al. Preferred orientation in hot-pressed Ca-α-SiAlON ceramics[J]. J. Mater. Sci. Lett. , 1996, 15(16): 1447-1449.

[10] SHEN Z J, EKSTROM T, NYGREN M. Ytterbium-stabilized α-SiAlON ceramics[J]. Journal of Physics D: Applied Physics, 1996, 29(3): 893-904.

[11] CHEN I W, ROSENFLANZ A. A tough SiAlON ceramic based on α-Si_3N_4 with a whisker-like microstructure[J]. Nature, 1997, 389(6652): 701-704.

[12] OYAMA Y, KAMIGAITO O. Solid solubility of some oxides in Si_3N_4 [J]. Jpn. J. Appl. Phys. , 1971, 10: 1637-1642.

[13] GREIL P, NAGEL A, STUTZ D, et al. Presented at German Yugoslavian Symposium on Advanced Materials[J]. BRD. ,1985(4):22-24.

[14] EKSTRÖM T, KÄLL P O, NYGREN M, et al. Dense single-phase β-SiAlON ceramics by glass-encapsulated hot isostatic pressing[J]. J. Mater. Sci. , 1989, 24: 1853-1861.

[15] XIE Z H, HOFFMAN M, CHENG Y B. Microstructural tailoring and characterization of a calcium α-SiAlON composition[J]. J. Am. Ceram. Soc. , 2002, 85(4): 812-818.

[16] SHEN Z J, PENG H, NYGREN M. Rapid densification and deformation of Li-doped SiAlON ceramics[J]. J. Am. Ceram. Soc. , 2004, 87(4): 727-729.

[17] ZHANG C, KOMEYA K, TATAMI J, et al. Inhomogeneous grain growth and elongation of Dy α-SiAlON ceramics at temperatures above 1 800 ℃

[J]. J. Eur. Ceram. Soc., 2000, 20(7): 939-944.

[18] KIM J, ROSENFLANZ A, CHEN I W. Microstructure control of in-situ-toughened α – SiAlON ceramics [J]. J. Am. Ceram. Soc., 2000, 83(7): 1819-1821.

[19] HUANG Z K, TIEN T Y, YEN T S. Subsolidus phase relationships in Si_3N_4−AlN−rare-earth oxide systems[J]. J. Am. Ceram. Soc., 1986, 69(10): C-241-242.

[20] HUANG Z, SUN W, YAN D. Phase relations of the Si_3N_4 AlN CaO system[J]. J. Mater. Sci. Lett., 1985, 3: 255-259.

[21] SHEN Z J, EKSTROM T, NYGREN M. Homogeneity region and thermal stability of neodymium-doped α−SiAlON ceramics[J]. J. Am. Ceram. Soc., 1996, 79(3): 721-732.

[22] SUN W Y, TIEN T Y, YEN T S. Solubility limits of α−SiAlON solid solutions in the system Si, Al, Y/N, O[J]. J. Am. Ceram. Soc., 1991, 74: 2547-2550.

[23] WANG P L, ZHANG C, SUN W Y, et al. Characteristics of Ca−α−SiAlON —phase formation, microstructure and mechanical properties[J]. J. Eur. Ceram. Soc., 1999, 19(5): 553-560.

[24] THOMPSON P. The crystal chemistry of nitrogen ceramics [J]. Mater. Sci. Forum., 1989, 47: 21-42.

[25] 王佩玲,张炯,贾迎新,等. AlN−多型体陶瓷的研究Ⅱ, AlN−多型体的力学性能和显微结构 [J]. 无机材料学报, 2000, 15(4): 756-760.

[26] WANG P L, SUN W Y, YAN D S. Mechanical properties of AlN−Polytypoids−15R, 12H and 21R [J]. Mater. Sci. Eng. A-Struct., 1999, 272(2): 351-356.

[27] KOMEYA K, TSUGE A. Formation of AlN polytypoid ceramics and some of their properties [J]. J. Ceram. Soc. Japan., 1981,89(11): 615-620.

[28] GAUCKLER L J, LUKAS H L, PETZOW G. Contribution to the phase diagram Si_3N_4−SiO_2−AlN−Al_2O_3[J]. J. Am. Ceram. Soc., 1975, 58: 346.

[29] CAO G Z. α−SiAlON ceramics: a review[J]. Chem. Mater., 1991, 3: 242-252.

[30] NAIK I K, GAUCKLER L J, TIEN T Y. Solid liquid equilibria in the system $Si_3N_4-AlN-Al_2O_3-SiO_2$ [J]. J. Am. Ceram. Soc. , 1978, 61: 332-335.

[31] SUN W Y, TIEN T Y, YEN T S. Subsolidus phase relationships in part of the system Si, Al, Y/N, O: the system $Si_3N_4-AlN-YN-Al_2O_3-Y_2O_3$ [J]. J. Am. Ceram. Soc. , 1991, 74: 2753-2758.

[32] CAO G Z, HUANG Z K, FU X R, et al. Phase equilibrium studies in Si_2N_2O-containing systems: II, phase relations in the $Si_2N_2O-Al_2O_3-La_2O_3$ and $Si_2N_2O-Al_2O_3-CaO$ systems [J]. Int. J. High-Technol. Ceram. , 1985, 1: 119.

[33] NORDBERG L O, SHEN Z J, NYGREN M, et al. On the extension of the α-SiAlON solid solution range and anisotropic grain growth in Sm-doped α-SiAlON ceramics [J]. J. Eur. Ceram. Soc. , 1997, 17(4): 575-580.

[34] ROSENFLANZ A. α'-SiAlON: phase stability, phase transformations and microstructural evolutions [D]. Michigan: University of Michigan, 1997.

[35] SHEN Z J, NYGREN M. On the extension of the α-SiAlON phase area in yttrium and rare-earth doped systems [J]. J. Eur. Ceram. Soc. , 1997, 17(13): 1639-1645.

[36] ROSENFLANZ A, CHEN I W. Phase relationships and stability of α'-SiAlON [J]. J. Am. Ceram. Soc. , 1999, 82(4): 1025-1036.

[37] KINGERY W D. Densification during sintering in the presence of a liquid phase: I, theory [J]. J. Appl. Phys. , 1959, 30(3): 301-306.

[38] EKSTROM T. Effect of compositions, phase content and microstructure on the performance of yttrium SiAlON ceramics [J]. Mater. Sci. Eng. A. , 1989, 109: 341-349.

[39] MENON M, CHEN I W. Reaction densification of α'-SiAlON: I Wetting behavior and acid-base reactions [J]. J. Am. Ceram. Soc. , 1995, 78(3): 545-552.

[40] MENON M, CHEN I W. Reaction densification of α'-SiAlON: II densification behavior [J]. J. Am. Ceram. Soc. , 1995, 78(3): 553-559.

[41] KNOCH H, GAZZA G E. On the α to β phase transformation and grain

growth during hot-pressing of Si_3N_4 containing MgO[J]. Ceram. Int. , 1980, 6(2): 51-56.

[42] HWANG S L, CHEN I W. Reaction hot-pressing of α'-SiAlON and β'-SiAlON ceramics[J]. J. Am. Ceram. Soc. , 1994, 77(1): 165-171.

[43] LIU G H, CHEN K X, ZHOU H, et al. Low-temperature preparation of in situ toughened Yb α-SiAlON ceramics by spark plasma sintering (SPS) with addition of combustion synthesized seed crystals[J]. Mater. Sci. Eng. A. , 2005, 402(1-2): 242-249.

[44] VAN RUTTEN J W T, HINTZEN H T, METSELAAR R. Phase formation of Ca-α-SiAlON by reaction sintering[J]. J. Eur. Ceram. Soc. , 1996, 16(9): 995-999.

[45] BANDYOPADHYAY S, HOFFMANN M J, PETZOW G. Effect of different rare earth cations on the densification behaviour of oxygen rich α-SiAlON composition[J]. Ceram. Int. , 1999, 25(3): 207-213.

[46] TA W, CHENG Y B, MUDDLE B, et al. Pressureless sintering of calcium α-SiAlONs, in nitrides and oxynitrides[J]. Mater. Sci. Forum. , 2000, 325-1,325-2,325-3: 199-205.

[47] YE F, IWASA M, SU C, et al. Self-reinforced Y-α-SiAlON ceramics with barium aluminosilicate as an additive[J]. J. Mater. Res. , 2003, 18(10): 2446-2450.

[48] CHEN W W, SUN W Y, WANG P L, et al. Control of microstructures in α-SiAlON ceramics[J]. J. Am. Ceram. Soc. , 2002, 85(1): 276-278.

[49] EKSTROM T, HERBERTSSON H, JAMES M, et al. Nd_2O_3-doped SiAlONs with ZrO_2 ZrN additions formed by sintering and hot isostatic pressing[J]. J. Am. Ceram. Soc. , 1994, 77(12): 3087-3092.

[50] MITOMO M, PETZOW G. Recent progress in silicon nitride and silicon carbide ceramics[J]. MRS Bulletin, 1995, 2: 19-41.

[51] CHEN D Y, ZHANG B L, ZHUANG H R, et al. Effects of seeding with β-Si_3N_4 rod crystals on mechanical properties of silicon nitride ceramics [J]. J. Inorg. Mater. , 2003, 18(5): 1139-1142.

[52] BECHER P F, SUN E Y, PLUCKNETT K P, et al. Microstructural design of silicon nitride with improved fracture toughness: I Effects of grain shape and size[J]. J. Am. Ceram. Soc. , 1998, 81(11): 2821-2830.

[53] SHUBA R, CHEN I W. Effect of seeding on the microstructure and mechanical properties of α-SiAlON: II, Ca-α-SiAlON[J]. J. Am. Ceram. Soc., 2002, 85(5): 1260-1267.

[54] MIAO H, QI L, CUI G. Silicon nitride ceramic cutting-tools and their applications[J]. Key Eng. Mater, 1996, 114: 135-172.

[55] SHERMANN D, BRANDON D. Mechanical properties and their relation to microstructure[M]//Handbook of ceramic hard materials. RIEDEL R. Weinheim: Wiley-VCH, 2000: 66.

[56] YE F, HOFFMANN M J, HOLZER S, et al. Effect of the amount of additives and post-heat treatment on the microstructure and mechanical properties of yttrium-α-SiAlON ceramics[J]. J. Am. Ceram. Soc., 2003, 86(12): 2136-2142.

[57] SHEN Z J, PENG H, PETTERSSON P, et al. Self-reinforced α-SiAlON ceramics with improved damage tolerance developed by a new processing strategy[J]. J. Am. Ceram. Soc., 2002, 85(11): 2876-2878.

[58] ZENOTCHKINE M, SHUBA R, CHEN I W. Effect of heating schedule on the microstructure and fracture toughness of α-SiAlON —cause and solution[J]. J. Am. Ceram. Soc., 2002, 85(7): 1882-1884.

第2章 自韧化 α-SiAlON 陶瓷的 烧结工艺及微结构控制

α-SiAlON 陶瓷通常由等轴晶构成,其力学性能受到极大影响,通过自韧化技术则可以改善显微组织,并将 α-SiAlON 陶瓷的弯曲强度和断裂韧性提高到与 β-Si$_3$N$_4$ 和 β-SiAlON 相接近,而又保持其固有的高硬度。如何控制 α-SiAlON 陶瓷的显微形貌使其由等轴晶转变为棒状晶,实现陶瓷的自韧化,一直以来是研究者追求的目标。体系为晶粒生长提供的液态环境与动力以及稀土阳离子在 α-SiAlON 陶瓷中的固溶度都是其微结构控制的关键,陶瓷制备工艺、成分配比、稀土类型及掺杂方式等直接影响 α-SiAlON陶瓷微观结构。

2.1 成分、烧结工艺及后续热处理对 α-SiAlON 组织及性能的影响

2.1.1 成分、烧结工艺及后续热处理对 α-SiAlON 显微 结构的影响

在不同成分的 Y-α-SiAlON 陶瓷中,α-SiAlON 相均作为主要的析晶相存在,特别是对于 $m=1$ 边界成分的材料内,仅存在 α-SiAlON 单一相,而在 m 取值较大的成分区域内,材料中还含有少量的二次析出相 M′(RE$_2$Si$_{3-x}$Al$_x$O$_{3+x}$N$_{4-x}$,RE 代表稀土,包括 Y,以下同)。对于 Y1515E2 (其中 1515 即 α-SiAlON 通式 RE$_{m/3}$Si$_{12-(m+n)}$Al$_{m+n}$O$_n$N$_{16-n}$ 中 $m=1.5$,$n=1.5$,E2 表示稀土质量分数过量2%(如无特别说明,以下同)来说,由于 m、n 值较大,体系内液相含量明显增加,有较多的二次析晶相 M′ 和 21R-AlN 多型体形成[1],烧结工艺及后期热处理并没有明显影响材料的相组成。Y-α-SiAlON陶瓷的 XRD 图谱如图 2.1 所示,其中 HP 代表热压烧结,HT 代表热处理(以下同)。

但是不同成分的 Y-α-SiAlON 陶瓷 1 900 ℃ 一步烧结和 1 500 ℃/ 1 900 ℃ 两步热压烧结及热处理后的 α-SiAlON 晶粒形貌却有明显差别 (图2.2)。随着 m 或 n 值的增大,SiAlON 成分由 α-SiAlON 相平面边界向

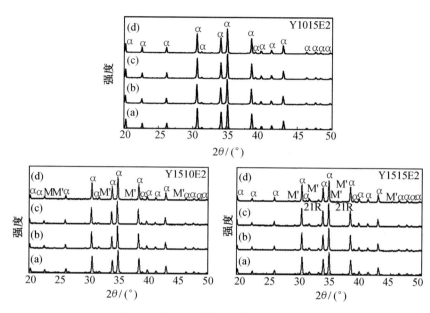

图 2.1　Y-α-SiAlON 陶瓷的 XRD 图谱

（a）—HP 1 900 ℃,1 h;（b）—HP 1 500 ℃,1 h/HT 1 900 ℃,1 h;（c）—HP 1 500 ℃,
1 h/1 900 ℃,1 h;（d）—HP 1 500 ℃,1 h/1 900 ℃,1 h/ HT 1 900 ℃,1 h

中心移动,液相含量增加,促进了晶粒的各向异性长大,导致长棒状晶粒增加,长径比增大。可见,Y-α-SiAlON 陶瓷的显微组织受成分影响较明显。

　　与一步法烧结的 α-SiAlON 相比,1 500 ℃/1 900 ℃两步热压烧结改善了材料的组织形貌,长棒状晶粒明显增多,而且长径比增大,特别是对 m、n 值较大的成分,也就是说,成分越靠近 α-SiAlON 的相区中心,两步烧结法的作用也越明显。两步烧结法改善晶粒形貌主要缘于中间保温过程中的控制形核,有限数量的晶核形成有效地控制了高温阶段的晶粒长大,一方面抑制了过度形核导致最终晶粒由于相互碰撞形成等轴晶;另一方面,早期少量晶核有效地诱导了晶粒的各向异性长大。同时,后续热处理能进一步促进 α-SiAlON 晶粒的生长。

2.1.2　成分、烧结工艺及后续热处理对 α-SiAlON 力学性能的影响

　　烧结工艺影响材料的力学性能,表 2.1 给出了一步法或两步法热压烧结以及后期热处理所得不同成分 Y-α-SiAlON 陶瓷的硬度与韧性。4 种材料都是 α-SiAlON 作为主要析晶相,材料的硬度很高,且差别不大,但韧性有明显的差别。随着 m、n 值的增大,长棒状晶粒的增多,长径比增大,

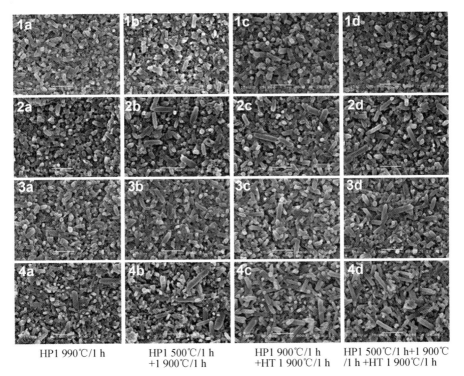

HP1 990℃/1 h　　　　HP1 500℃/1 h　　　HP1 900℃/1 h　　HP1 500℃/1 h+1 900℃
　　　　　　　　　+1 900℃/1 h　　　　+HT 1 900℃/1 h　　/1 h +HT 1 900℃/1 h

图 2.2　成分、烧结工艺及后续热处理对 Y-α-SiAlON 显微组织的影响
1a ~ 1d—Y1010E2；2a ~ 2d—Y1015E2；3a ~ 3d—Y1510E2；4a ~ 4d—Y1515E2

促进了陶瓷的自韧化的实现,韧性明显增加。两步法烧结及后续热处理可
进一步提高材料的断裂韧性,这主要是缘于材料微观组织的改善;后续热
处理并没有影响材料的相组成,因而对硬度影响不大。

表 2.1　Y-α-SiAlON 陶瓷的力学性能

试样	烧结条件	维氏硬度 /GPa	断裂韧性 /(MPa·m$^{1/2}$)
Y1010E2	HP 1 900 ℃/1 h	19.9±0.3	3.7±0.3
	HP 1 500 ℃/1 h,1 900 ℃/1 h	19.7±0.2	4.0±0.2
	HP 1 900 ℃/1 h,HT 1 900 ℃/1 h	19.9±0.3	4.6±0.2
	HP 1 500 ℃/1 h,1 900 ℃/1 h,HT 1 900 ℃/1 h	19.6±0.2	4.7±0.1
Y1015E2	HP 1 900 ℃/1 h	19.6±0.2	4.7±0.2
	HP 1 500 ℃/1 h,1 900 ℃/1 h	19.5±0.2	5.1±0.1
	HP 1 900 ℃/1 h,HT 1 900 ℃/1 h	19.5±0.3	5.5±0.2
	HP 1 500 ℃/1 h,1 900 ℃/1 h,HT 1 900 ℃/1 h	19.4±0.3	5.9±0.2

表 2.1　Y-α-SiAlON 陶瓷的力学性能

试样	烧结条件	维氏硬度 /GPa	断裂韧性 /(MPa·m$^{1/2}$)
Y1510E2	HP 1 900 ℃/1 h	19.7±0.2	4.3±0.2
	HP 1 500 ℃/1 h,1 900 ℃/1 h	19.5±0.3	4.6±0.2
	HP 1 900 ℃/1 h,HT 1 900 ℃/1 h	19.5±0.3	5.0±0.1
	HP 1 500 ℃/1 h,1 900 ℃/1 h,HT 1 900 ℃/1 h	19.5±0.3	5.4±0.2
Y1515E2	HP 1 900 ℃/1 h	19.4±0.3	5.1±0.1
	HP 1 500 ℃/1 h,1 900 ℃/1 h	19.4±0.2	5.4±0.2
	HP 1 900 ℃/1 h,HT 1 900 ℃/1 h	19.2±0.2	6.3±0.2
	HP 1 500 ℃/1 h,1 900 ℃/1 h,HT 1 900 ℃/1 h	19.4±0.3	6.1±0.2

2.2　过量液相对 α-SiAlON 显微结构的影响

由于 α-SiAlON 的形成是一个溶解—扩散—沉淀析出的过程,液相的存在有利于扩散过程的进行,加入过量稀土或加入 BAS,即额外液相被引进,能够促进体系中小晶粒的扩散,为 α-SiAlON 晶粒的长大提供条件。

2.2.1　过量液相对 α-SiAlON 晶粒形貌的影响

图 2.3 为 1 800 ℃/1 h 热压烧结并经过 1 900 ℃/1 h 热处理的 Y1010-SiAlON($m=n=1$)及 1 900 ℃/1 h 热压烧结合成的 Nd1010-SiAlON($m=n=1$)的 XRD 图谱。可以看出,Nd1010 材料的 XRD 物相由 α-SiAlON、β-SiAlON 和剩余原料 α-Si$_3$N$_4$ 构成。α-SiAlON、β-SiAlON 的衍射角比 α-Si$_3$N$_4$、β-Si$_3$N$_4$ 低 0.3°～0.5°,因此很容易将同结构的 SiAlON、Si$_3$N$_4$ 区分开。Y1010 材料的物相为 α-SiAlON 和剩余原料 α-Si$_3$N$_4$ 及 AlN。因为 α-SiAlON 晶胞常数与晶胞中的 Al—N 数量成正比,所以 Y1010 材料中 α-SiAlON 的衍射角比 Nd1010 材料中 α-SiAlON 的衍射角偏高。

Y1010、Nd1010 两种材料取用的名义成分 $m=n=1$,是 α-SiAlON 相区的欠液相边界。烧结过程中随着 α-SiAlON 反应的进行,共晶液相全部被 α-SiAlON 晶粒吸收,而未来得及参加反应的原料以及中间相被剩余下来。说明对于欠液相 Y1010 和 Nd1010 两种 α-SiAlON 体系,采用 20 ℃/min 升温速度 1 800 ℃/1 h 及 1 900 ℃/1 h 热压工艺不能将 α-SiAlON 反应进行到底。对热压烧结法 1 800 ℃/1 h 合成的 Y1010 进行 1 900 ℃/1 h 热处

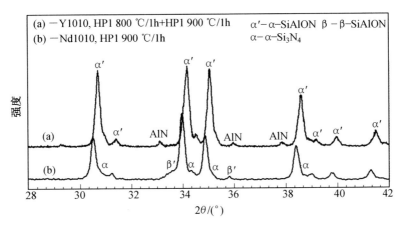

图 2.3　1 800 ℃/1 h 热压烧结并经过 1 900 ℃/1 h 热处理的 Y1010-SiAlON 及 1 900 ℃/1 h热压烧结合成的 Nd1010-SiAlON 的 XRD 图谱[3]

理,剩余的 AlN 及 α-Si$_3$N$_4$ 未见减少。向欠液相的低 m、n 化学式成分的 Y-α-SiAlON 中补入过量的 Y$_2$O$_3$,同样可获得自韧化的 α-SiAlON 棒晶组织(参见图 2.2),这主要是因为过量的 Y$_2$O$_3$ 可为棒状 α-SiAlON 晶粒生长提供必要的液相生长条件,促进 α-SiAlON 晶粒呈各向异性生长。

Si$_3$N$_4$、AlN、Al$_2$O$_3$ 和 RE$_2$O$_3$ 等强共价键化合物通过点阵重构生成 α-SiAlON,必须依靠溶解-沉淀机制才能顺利进行,所需液相由 Al$_2$O$_3$-RE$_2$O$_3$-SiO$_2$ 低温(1 400 ℃以下)共晶反应提供。随着 α-Si$_3$N$_4$、AlN 主原料的溶解并析出 α-SiAlON 晶粒,共晶液相中的 RE、O、Al、N 等元素逐渐被 α-SiAlON 晶粒吸收,因此 α-SiAlON 晶粒生长过程也是共晶液相减少的过程。如果 α-SiAlON 的设计成分(例如 $m=n=1$)不能提供足够的共晶液相,可能会剩余 α-Si$_3$N$_4$、AlN 等原料或形成 β-SiAlON 等中间产物,并且不能完成致密化;相反,如果设计成分提供的共晶液相过量,不能够全部被 α-SiAlON 晶粒吸收,将生成 M′ 相(RE$_2$Si$_{3-x}$Al$_x$O$_{3+x}$N$_{4-x}$,对于轻稀土元素 Nd、Sm)及 REAG(RE$_3$Al$_5$O$_{12}$对于 Y 及重稀土元素 Dy、Yb)和 J′ 相(RE$_4$Si$_2$$_{-x}Al_xO_{7+x}N_{2-x}$对于 Lu、Yb 等元素)等以晶间相形式存在。

提高 α-SiAlON 化学式中的 m、n 值,并使成分设计完全符合 α-SiAlON 化学配比,由于 m、n 值较大,体系内自身液相量较多,不额外添加过量的液相也可以得到棒晶组织,但晶粒的长径比通常很小(图 2.4(a))。烧结工艺对材料最终的显微组织的影响较大,两步烧结一定程度地抑制了 α-SiAlON晶粒的各向异性生长,这是由于低温下 α-SiAlON 生成将消耗大量液相,从而减少了高温下棒状 α-SiAlON 晶粒生长所需的液相。

当在此成分中加入过量稀土时,烧结过程中,体系中液相含量增加,为长棒状晶粒后期生长提供了足够的液相环境(图 2.4(b))。可见,引入额外液相是获得长棒状晶粒组织的最好选择。

(a) Y1515　　　　　　　　　　(b) Y1515E2

图 2.4　过量 Y$_2$O$_3$ 对 Y-α-SiAlON 陶瓷晶粒形貌的影响[2]

此外,向成分体系中加入其他玻璃相,如 BAS,也会因为额外液相的出现,对 SiAlON 陶瓷的组织结构等产生影响。图 2.5 示出了 5% BAS①添加剂对 YbNd1010 材料中 α-SiAlON 晶粒形貌的影响。由图可见,5% BAS 的加入,可增加材料烧结过程中的液相,有效地促进了 α-SiAlON 棒晶的生长,平均长径比达到 3.8,而欠液相 YbNd1010 材料内的 α-SiAlON 晶粒则仍为等轴状。

BAS 对 α-SiAlON 显微结构的影响还表现在 α-SiAlON 晶粒的尺寸上。有 BAS 加入的陶瓷中,α-SiAlON 晶粒的直径小,平均晶粒直径为 0.44 μm,而 YbNd1010 陶瓷中平均晶粒直径为 0.57 μm,且 YbNd1010/5% BAS 材料呈明显的双模式组织。

综上所述,对于依赖于溶解-沉淀机制进行的 α-SiAlON 反应,液相起十分重要的作用。

2.2.2　过量液相对 α-SiAlON 成分的影响

将图 2.5(b)所示的两种材料 XRD 图谱中的(102)$_{α-SiAlON}$ 和(210)$_{α-SiAlON}$ 衍射峰独立出来,YbNd1010-SiAlON/5% BAS 及 YbNd-SiAlON 材料中 α-SiAlON 的(210)晶面 XRD 分析如图 2.6 所示。YbNd1010/5% BAS 材料 XRD 图谱中(102)$_{α-SiAlON}$ 和(210)$_{α-SiAlON}$ 衍射强度呈高斯分布,而

---

① 后文中的 5% BAS、10% BAS 都表示 BAS 的质量分数分别为 5%、10%。

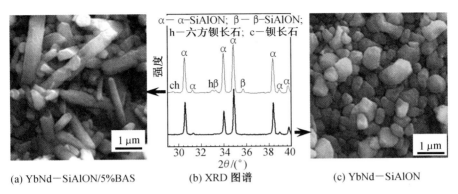

(a) YbNd－SiAlON/5%BAS (b) XRD 图谱 (c) YbNd－SiAlON

图 2.5 5% BAS 添加剂对 YbNd1010 材料中 α-SiAlON 晶粒形貌的影响[3]

YbNd1010 材料的 $(102)_{α-SiAlON}$ 和 $(210)_{α-SiAlON}$ 衍射强度则为多峰叠加,反映了两种材料内 α-SiAlON 的成分差异,主要是 α-SiAlON 晶胞内 Al—N 键的数量不同引起其 XRD 衍射角移位。

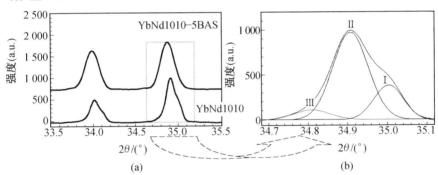

图 2.6 YbNd－SiAlON/5% BAS 及 YbNd－SiAlON 材料中 α-SiAlON 的 (210) 晶面 XRD 分析[3]

YbNd1010 材料 $(210)_{α-SiAlON}$ 衍射可分解为三个正态高斯分布,如图 2.6(b) 所示,与热压烧结升温、保温及降温三个阶段生成的 α-SiAlON 相对应。因为在升温、保温与降温三个阶段生长环境的不同,生成的 α-SiAlON 有成分差异。峰 I 可能是升温阶段低温液相中最早生成的 α-SiAlON,因为 AlN 过饱和度较小,进入 α-SiAlON 晶胞的 Al—N 数量较少,因此 α-SiAlON 晶胞体积小。峰 II 对应 1 900 ℃在最适宜条件下大量生成的 α-SiAlON。峰 III 可能是降温阶段的产物,主要原因有:高温平衡相中剩余的液相量很少,而且冷却阶段 SiAlON 的生长时间短,生成的 α-SiAlON 量很少;高温溶液冷却生成的 α-SiAlON 中 Al—N 含量高而晶胞体积更大,衍射峰再次被推向低角度方向。

加入 5%BAS 为 α-SiAlON 晶粒的生长环境提供了稳定的液相,促进了 SiAlON 原料的溶解、传质,从而降低了升温、保温及降温各阶段自生液相的浓度变化对 α-SiAlON 化学组成的影响;特别是在降温阶段中,BAS 吸收稀土及 N 元素生成固溶体并快速结晶,α-SiAlON 的降温生成受到抑制。采用三步分段烧结法,先升温至 1 200 ℃ 保温 120 min 实现 BAS 晶化,排除了升温过程中出现的 BAS 非平衡液相对 α-SiAlON 反应的影响,而在 BAS(1 760 ℃)熔融之前依靠 Al_2O_3-RE_2O_3-SiO_2 低温共晶液相生成的 α-SiAlON 也将具有较高的 XRD 衍射角。有可能是因为高温 BAS 液相将这批 α-SiAlON 重溶,然后统一分配了其 RE-Si-Al-O-N 原料给第 Ⅱ 阶段 α-SiAlON,因此衍射峰 Ⅰ 变得不明显。

综上可见,BAS 在其熔点以上温度转变为性质均匀而稳定的液相,对于 SiAlON 原料的溶解和传质有较明显的影响,有助于消除 α-SiAlON 的晶内成分梯度。而且烧结完成后,在降温过程中液相 BAS 能够充分地结晶为高熔点的钡长石相,可提高材料的高温性能,进而说明以 BAS 为助烧剂合成自韧化 α-SiAlON 陶瓷材料的合理性。

2.3 不同稀土掺杂 α-SiAlON 陶瓷材料的组织演变

2.3.1 稀土种类对 α-SiAlON 陶瓷相组成的影响

一般研究认为,稀土稳定 α-SiAlON 陶瓷的晶间相与稀土离子半径有密切关系。稀土阳离子半径越大,就越难进入 Si_3N_4 晶格的间隙,不利于 α-SiAlON 的形成。在 5 种添加剂中,Yb^{3+} 的离子半径最小,Nd^{3+} 的离子半径最大,5 种稀土阳离子的半径由小到大依次为 Yb^{3+}(0.086 nm)、Y^{3+}(0.089 nm)、Dy^{3+}(0.091 nm)、Sm^{3+}(0.096 nm)、Nd^{3+}(0.100 nm)。大尺寸的阳离子不易进入 α-Si_3N_4 晶格导致大量的稀土阳离子残留在晶界内,液相含量相对较多,在冷却过程中形成了较多的晶间相。因此,除 Nd1010E2 中含有很少量的 β-SiAlON 外,其他 4 种组分的材料中均不含 β-SiAlON 相。另外,在 Nd1010E2、Sm1010E2 两种组分中发现了明显的晶间相 M′($Re_2Si_{3-x}Al_xO_{3+x}N_{4-x}$)的衍射峰,而其他三种组分的材料则都是由单相 α-SiAlON 组成的。图 2.7 给出了不同稀土掺杂 α-SiAlON 陶瓷的 XRD 图谱。

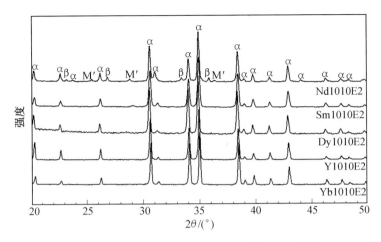

图 2.7　不同稀土掺杂 α-SiAlON 陶瓷的 XRD 图谱

2.3.2　稀土种类对 α-SiAlON 晶粒形貌的影响

稀土添加剂的不同,除了导致 α-SiAlON 陶瓷的相组成不同外,对 α-SiAlON 晶粒形貌的影响也很大(图 2.8)。从图中可以看出,Yb1010E2 是由等轴状 α-SiAlON 晶粒组成的,其他 4 种 α-SiAlON 陶瓷都是由长棒 状和等轴状晶粒共同组成的。其中,Y1010E2 的晶粒较粗大,Dy1010E2 晶 粒较短小,而 Sm1010E2 和 Nd1010E2 的长棒状晶粒都比较细。

这 5 种 α-SiAlON 晶粒的平均尺寸和长径比随稀土离子半径的变化曲 线(图 2.9)表明,随着稀土离子半径增大,晶粒的长度和宽度都呈减小的 趋势,但长径比增大。

不同稀土稳定 α-SiAlON 陶瓷的晶粒面积分布曲线(图 2.10)也说明, 随着稀土离子半径增大,晶粒的尺寸呈减小的趋势,分布范围变窄。 Yb-α-SiAlON 和 Dy-α-SiAlON 的晶粒面积呈正态分布,而 Y-α-SiAlON、 Sm-α-SiAlON 和 Nd-α-SiAlON 的晶粒面积呈双峰分布,表明这三种陶瓷 都是细小基体晶粒内均匀分布尺寸较大的长棒状晶粒。双峰分布曲线的产 生表明在这些材料中,形成了互锁的长棒状 α-SiAlON 晶粒分布在细晶基体中。

α-Si₃N₄→α-SiAlON 的转变是一个重构型相变过程,它的发生是通过 液相中的溶解和沉淀析出来实现的。因而,烧结过程中的液相含量与黏度 也是长棒状 α-SiAlON 晶粒形成的主要影响因素。对于含有稀土的铝硅 酸盐溶液,其黏度随着稀土离子半径的减小而增加[6]。也就是说,Yb 体系 液相的黏度最大,而 Nd 体系的黏度最小。而液相量增加及液相黏度的减

(a) Yb1010E2

(b) Y1010E2

(c) Dy1010E2

(d) Sm1010E2

(e) Nd1010E2

图 2.8　不同稀土掺杂 α–SiAlON 材料晶粒的形貌[4]

小都有助于扩散的进行,促进晶粒的生长,因而 Nd–α–SiAlON 晶粒的长径比较大,而 Yb–α–SiAlON 晶粒则近似等轴。

　　研究 α–Si$_3$N$_4$→α–SiAlON 的相变过程发现[7],随着稀土离子半径的增加,相变速率降低。Yb–SiAlON 体系在 1 500 ℃,α–SiAlON 相的质量分

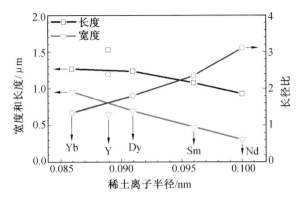

图 2.9　稀土类型对 α-SiAlON 晶粒大小的影响

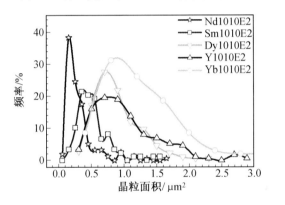

图 2.10　不同稀土稳定 α-SiAlON 陶瓷的晶粒面积分布曲线[5]

数超过 60%；到 1 600 ℃，α-SiAlON 相的质量分数接近 100%。如此快速的相转变，造成晶核密度的迅速增加，使得后期长大过程中晶粒相互碰撞，长成等轴状。而对于离子半径最大的 Nd 体系来说，转变速率最慢，到 1 600 ℃，只有质量分数为 20% 左右的 α-SiAlON 相形成，低的形核速率和晶核密度为晶粒的各向异性生长提供了足够的空间，有利于长棒状晶粒的形成。转变过程中的中间相随着烧结温度升高逐渐减少，其中，Yb-SiAlON 体系中的中间相在低于 1 600 ℃时，就已经全部溶解；Dy 和 Y 体系中的中间相到 1 600 ℃时，也基本消失；但在 Sm 和 Nd 体系中，仍有部分中间相存在，这也是在 XRD 中只有 Sm1010E2 和 Nd1010E2 中有晶间相的衍射峰出现的原因。

　　不同稀土阳离子稳定的 α-SiAlON 陶瓷的典型 TEM 组织形貌（图 2.11）与图 2.8 中 SEM 显示的结果相似。过量稀土氧化物的加入促使材

料均达到完全致密化。在以 Yb^{3+} 为例的小尺寸阳离子稳定的 α-SiAlON
陶瓷中,等轴晶粒紧密地结合在一起,晶界处没有观察到晶间相的存在;而
在以 Sm^{3+} 为例的半径较大的稀土阳离子稳定的 α-SiAlON 陶瓷中,长棒状
晶粒与等轴晶共存,可以看到少量晶间相分布在三角晶界处。

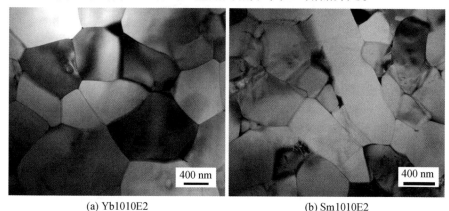

(a) Yb1010E2   (b) Sm1010E2

图 2.11   α-SiAlON 陶瓷的典型 TEM 组织形貌[4,8]

2.3.3   稀土种类对 α-SiAlON 陶瓷力学性能的影响

由于高的 α-SiAlON 含量,5 种不同尺寸的稀土阳离子稳定 α-SiAlON
陶瓷都具有很高的维氏硬度,且随着稀土阳离子半径的增大,α-SiAlON 陶
瓷的硬度略有降低,这是由较大稀土阳离子半径稳定的 α-SiAlON 陶瓷中
晶间相含量增加引起的,不同稀土掺杂的 α-SiAlON 陶瓷的力学性能如图
2.12所示。

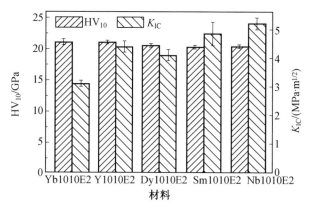

图 2.12   不同稀土掺杂的 α-SiAlON 陶瓷的力学性能[4]

材料的断裂韧性则呈现与硬度相反的趋势,随着稀土阳离子半径的增大,材料的断裂韧性增加。这可以结合前面的组织观察进行解释,在 Yb-α-SiAlON 陶瓷中,完全的等轴晶形貌使得陶瓷的韧性很低,只有 $3.1\ MPa\cdot m^{1/2}$。随着掺杂稀土阳离子半径的增大,棒状 α-SiAlON 晶粒的数量增多、长径比增大,长棒状晶粒起到了自韧化的作用,因而提高了材料的韧性,Nd-α-SiAlON 材料的断裂韧性达到了 $5.43\ MPa\cdot m^{1/2}$,而 Dy-α-SiAlON 陶瓷由于其晶粒的长径比较小,自增韧作用不明显,其断裂韧性相对较低。

α-SiAlON 晶粒尺寸(径向尺寸、面积或体积)呈双模式分布有益于材料韧性和强度的进一步提高,这些均匀分布于细小晶粒基体中的大尺寸晶粒能起到良好的自韧化作用[9,10]。晶粒尺寸呈双峰分布的 Y-α-SiAlON、Sm-α-SiAlON 和 Nd-α-SiAlON 陶瓷的韧性较高,而呈现正态分布的 Yb-α-SiAlON 和 Dy-α-SiAlON 陶瓷的韧性偏低也进一步证实了这一观点。

2.4 复合稀土掺杂 α-SiAlON 陶瓷的组织演变

2.4.1 大尺寸和小尺寸复合稀土离子掺杂

采用大尺寸和小尺寸复合稀土离子掺杂 α-SiAlON,一方面利用大尺寸稀土原子制约生成 α-SiAlON 的形核驱动力,抑制初始阶段 α-SiAlON 晶核的数量,使小尺寸稀土原子在较低温度优先生成少量 α-SiAlON,发挥其成核作用,成功诱导长棒状晶粒的生长(图 2.13(a)、(b))。Y^{3+} 和 Nd^{3+} 部分替代 Yb^{3+},形成 Y/Yb-α-SiAlON 和 Yb/Nd-α-SiAlON 陶瓷,成功生成了长棒状 α-SiAlON 晶粒,改变了 Yb^{3+} 单一掺杂时晶粒呈等轴状形貌这一特征[2,11](图 2.13(d))。同单一掺杂 Y-α-SiAlON 和 Nd-α-SiAlON 陶瓷的形貌相似,Nd^{3+} 部分替代 Yb^{3+} 形成的 α-SiAlON 晶粒较 Y^{3+} 部分替代 Yb^{3+} 时径向尺寸小,也就是说,长径比更大。同 Yb-α-SiAlON 和 Nd-α-SiAlON 陶瓷相比,Yb//Nd-α-SiAlON 晶粒的直径介于 Yb-α-SiAlON 和 Nd-α-SiAlON 之间,表明 Nd^{3+} 的加入对 α-SiAlON 的径向方向的长大起到减缓的作用;反过来说,对于 Nd-α-SiAlON(图 2.13(e)),Yb^{3+} 的加入促使了 α-SiAlON 的径向生长。此外,无论是 Nd 单一掺杂还是同其他元素的复合掺杂,过量稀土氧化物的加入,即额外液相的引入都是长棒状 α-SiAlON

晶粒形成必不可少的条件。

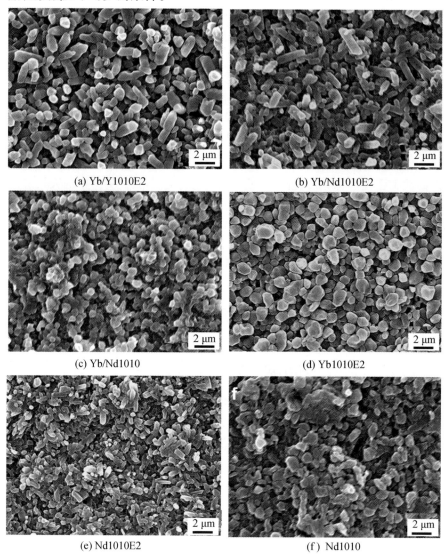

(a) Yb/Y1010E2

(b) Yb/Nd1010E2

(c) Yb/Nd1010

(d) Yb1010E2

(e) Nd1010E2

(f) Nd1010

图 2.13　复合稀土离子稳定 α-SiAlON 陶瓷的显微结构[2,11]

复合掺杂 Yb/Y-α-SiAlON 陶瓷 TEM 下的形貌与 Yb-α-SiAlON 陶瓷很相似,但在部分三角晶界处可以观察到少量的晶间相(图 2.14(a)中黑色箭头所指)。结合它的 TEM 暗场像(图 2.14(b)),可以看出三角晶界相并未完全晶化,连续的薄晶界玻璃膜(白色箭头所示)将不同 α-SiAlON 晶粒以及晶间相与 α-SiAlON 晶粒分隔开。这种非晶膜的存在较为普遍,理论研究认为它是由于穿过晶界的范德瓦耳斯吸引力和多种排斥力的相互作用的平衡而存在,因为玻璃膜在析晶过程中的体积变化引起的应力将会抑制玻璃膜的进一步晶化,因而很难完全排除掉[10,12-14]。

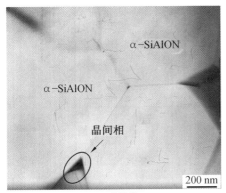 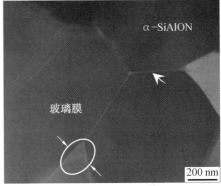

(a) 明场像　　　　　　　　　　　　　　　(b) 暗场像

图 2.14　Yb/Y-α-SiAlON 陶瓷的 TEM 明场像和暗场像[5]

两种复合稀土离子掺杂改善了 Yb 单一稳定 α-SiAlON 陶瓷的断裂韧性,实现了陶瓷的断裂自韧化,Yb/Y1010E2 陶瓷的断裂韧性为(3.7±0.2)MPa·m$^{1/2}$,而且 Nd 的加入较 Y 替代效果更明显,Yb/Nd1010E2 的断裂韧性达到(5.1±0.2)MPa·m$^{1/2}$。

2.4.2　小尺寸稀土离子复合掺杂 Sc/Lu-SiAlON 陶瓷的组织结构

采用热压法难以合成 Sc-α-SiAlON 材料,详见 3.3 节,而利用两种小尺寸稀土离子复合掺杂成功地合成了 ScLu-α-SiAlON 陶瓷,Sc^{3+} 和 Lu^{3+} 共同稳定 α-SiAlON 陶瓷的 XRD 图谱,如图 2.15 所示。主晶相为 α-SiAlON,同时含有少量的 β-SiAlON、晶间相 J′和 12H-AlN 多型体,其中,晶间相类型与 Lu$_2$O$_3$ 稳定的 α-SiAlON 陶瓷中的晶间相类型相同,参见 3.1 节,说明在 Sc^{3+} 和 Lu^{3+} 共同掺杂的 ScLu-α-SiAlON 陶瓷中,晶间相主要是由 Lu 元素决定的。

根据 XRD 计算 α-SiAlON 和 β-SiAlON 的质量分数,计算中忽略晶间相和 AlN 多型体,计算得出 α-SiAlON 和 β-SiAlON 的相对含量分别为 85% 和 15%。说明 Sc^{3+} 和 Lu^{3+} 共同掺杂有助于 α-SiAlON 相的形成,改变了 Sc^{3+} 单独掺杂不能形成 α-SiAlON 相的现象。

图 2.16 为 ScLu1010E2 陶瓷表面腐蚀后的 SEM 组织形貌,从中可以看出大量的长棒状晶粒。长棒状晶粒形貌明显区别于 Sc1010E2 陶瓷中的

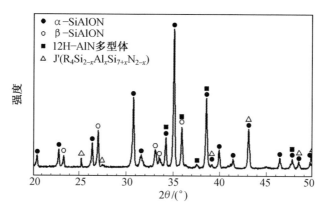

图 2.15 Sc^{3+} 和 Lu^{3+} 共同稳定 α-SiAlON 陶瓷的 XRD 图谱[4]

等轴 β-SiAlON 晶粒形貌[15]。

图 2.16 ScLu1010E2 陶瓷表面腐蚀后的 SEM 组织形貌

图 2.17(a)给出了 ScLu-1010E2 陶瓷的 TEM 微观形貌,可以看到异常长大的长棒状晶粒镶嵌在细小基体中,同 Sc1010E2 陶瓷的微观形貌相似的是,在 ScLu1010E2 陶瓷中也能看到许多纤维锌矿状析出晶。另外,在三角晶界处也能观察到少量晶间相的存在。成分分析如图 2.17(e)、2.17(f)所示,在纤维状析出相中,存在 Si、Al、O、N 和 Sc 共 5 种元素,其中 Al 的含量远远高于 Si,而且 Sc 的含量很高,成分定量分析发现与 Sc1010E2 陶瓷中的 12H-AlN 多型体(即 12H')极其相近。对该相的选区电子衍射花样(SAD)(图 2.17(b))进行标定进一步证实了该物相类型为 12H'。在对三角晶间相进行分析发现,它的成分不同于 Sc^{3+} 和 Lu^{3+} 单一掺杂的任一种 SiAlON 陶瓷,它不仅包含 Sc 元素,还包含大量的 Lu 元素,这也说明在该晶间相的形成过程中,Lu 元素起到了极大的作用。图 2.17(c)

示出了α–SiAlON相的选区电子衍射(SAD)图谱。

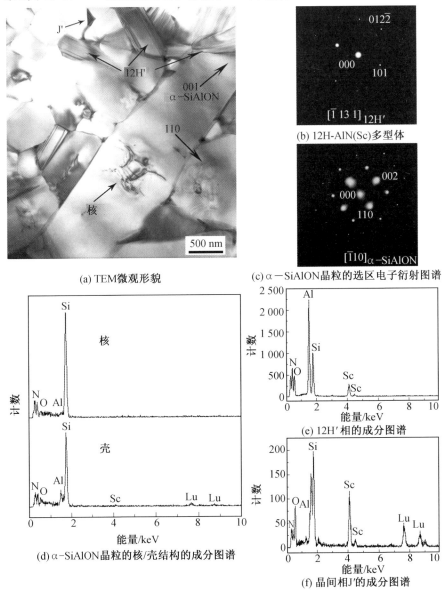

(a) TEM微观形貌

(b) 12H-AlN(Sc)多型体

(c) α–SiAlON晶粒的选区电子衍射图谱

(d) α–SiAlON晶粒的核/壳结构的成分图谱

(e) 12H′相的成分图谱

(f) 晶间相J′的成分图谱

图 2.17 ScLu1010E2 陶瓷的 TEM 显微照片及成分分析[4]

另外,在 ScLu–α–SiAlON 陶瓷的 TEM 观察中一个非常重要的现象需要特别指出,那就是 α–SiAlON 中发现大量的核/壳结构(图 2.17(a)),晶核的周围部分区域还能看到一些位错等缺陷。在图 2.17(d)中给出了核/

壳结构的成分分析图谱。可以看到,在核处,成分中只含有 Si 和 N 两种元素,而在壳处,则除了 Si 和 N 之外,还有 Al、O 以及稀土元素 Lu 和 Sc 谱峰。图中的小插图则是壳处的成分图谱的放大。该成分分析说明了两个问题,首先,ScLu-α-SiAlON 晶粒中的核和壳处成分差异完全可能是由核和壳的不同的相类型引起的,晶核是未完全溶解的 α-Si$_3$N$_4$ 颗粒,而 α-SiAlON 晶粒则是以其为核外延生长的。这一现象与稀土离子单一掺杂的 Y-α-SiAlON 和 Sm-α-SiAlON 以及 Lu-α-SiAlON 的核/壳结构的成分分析及电子衍射分析所得出的结论是一致的,就 α-SiAlON 晶粒的形核与生长问题将在第 3 章详细介绍。其次,也是很重要的一点,就是在 ScLu1010E2 陶瓷中清楚地看到 Sc 元素在 α-SiAlON 中的存在,这与 Sc^{3+} 单一掺杂的 SiAlON 陶瓷中不能形成 Sc-α-SiAlON 相这一现象形成鲜明对比[15]。表明 Lu^{3+} 的掺杂有助于 Sc^{3+} 在 α-SiAlON 相中的稳定存在,同时也说明两种小尺寸稀土离子的共同掺杂也能够形成稳定的 α-SiAlON 相。

ScLu-α-SiAlON 陶瓷中还存在一定量的 β-SiAlON 相,与 α-SiAlON 的结构非常相似,基面都为六方结构。图 2.18 示出了 SuLu-α-SiAlON 陶瓷的 TEM 显微形貌。α-SiAlON 与 β-SiAlON 的 a 轴长度分别为 0.780 9 nm 和 0.762 8 nm,二者的[001]晶带的电子衍射图几乎没有差别,很难区别。但是二者在 c 轴方向的晶格常数却相差很大,分别是 2.963 nm 和 5.707 6 nm,采用汇聚束电子衍射(CBED)方法进行分析,见两图中的左下角插图。两相的 CBED 花样明显不同,在图 2.18(a) 中可以看到花样由两个同心环构成,而在图 2.18(b) 中则只有一个圆环。而且一阶劳厄环的半径 R_1 相差很大,半径 R_1 可以通过如下的公式加以计算[16]:

$$R_1 = \left(\frac{2H}{\lambda}\right)^{1/2} L\lambda$$

式中　H——倒易晶格点阵中零阶劳厄环到一阶劳厄环的距离,这里　　$H = 1/c$;

　　　c——晶胞 c 轴参数;

　　　λ——电子波波长;

　　　L——透射电镜的相机长度。

半径的差异直接反映了两相晶格常数 c 的差异。

根据测量图 2.18(a) 和图 2.18(b) 中的 R_1 分别为 28.2 mm 和 39.2 mm,经计算,图 2.18(a) 和图 2.18(b) 中的 H 值分别是 1.75 和 3.41,近似为 α-SiAlON 和 β-SiAlON 相的晶格常数 c 的倒数,即 5.707 6 和 2.963。从而,

可以确定出两图内的六方相分别为 α-SiAlON 相和 β-SiAlON 相。α-SiAlON 晶粒的六边形截面很不规则,而 β-SiAlON 晶粒的六边形各边都非常平直,形貌上的差异很可能是两相在形成过程中的先后顺序不同直接导致的,β-SiAlON 晶粒极有可能先于 α-SiAlON 晶粒而形成。

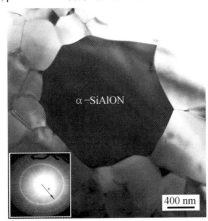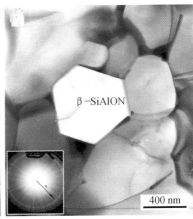

(a) α-SiAlON[001]晶粒   (b) β-SiAlON[001] 晶粒

图 2.18 ScLu-α-SiAlON 陶瓷的 TEM 显微形貌[4]

ScLu-α-SiAlON 陶瓷具有明显的自增韧(α-SiAlON 陶瓷的性能特征(见表 2.2)),具有较高的硬度和较好的断裂韧性,而且弯曲强度也较高。

表 2.2   ScLu-α-SiAlON 陶瓷的力学性能

试样	维氏硬度/GPa	断裂韧性/($MPa \cdot m^{1/2}$)	弯曲强度/MPa
ScLu1010E2	20.4±0.4	5.2±0.3	652.5±12

由于 Sc^{3+} 和 Lu^{3+} 的复合掺杂,改变了 Sc^{3+} 单独掺杂时的主晶相构成,α-SiAlON 相作为主晶相使得陶瓷的硬度增加,但是由于仍有少量的 β-SiAlON相及 12H-AlN 多型体等相的存在,硬度较单一掺杂的 Lu-α-SiAlON(详见 3.1.3 节)陶瓷低。韧性和强度方面,由于大量的长棒状晶的形成,对陶瓷起到了增强增韧的作用。图 2.19 显示了 ScLu-α-SiAlON 陶瓷弯曲断口形貌,断口较粗糙,并能清楚地看到长棒状晶粒拔出的痕迹以及拔出后留下的孔洞,这进一步证实了长棒状 α-SiAlON 的自增韧的效应。

图 2.19　ScLu–α–SiAlON 陶瓷弯曲断口形貌

参考文献

［1］LIU C F, YE F, XIA R S, et al. Influence of composition on self-toughe-ning and oxidation properties of Y–α–SiAlONs［J］. Journal of Materials Science & Technology, 2013, 29(10): 983-988.

［2］周玉, 叶枫, 刘利盟. α–SiAlON 陶瓷材料的微结构控制及其力学性能优化［J］. 硅酸盐学报, 2007, 35(8): 1017-1023.

［3］刘利盟. Si_3N_4 基陶瓷材料的微结构控制及其力学性能的优化［D］. 哈尔滨:哈尔滨工业大学, 2007.

［4］刘春凤. 稀土添加剂的类型对 α–SiAlON 陶瓷组织与性能的影响［D］. 哈尔滨:哈尔滨工业大学, 2007.

［5］刘春凤, 任先武, 叶枫, 等. 自增韧 RE–α–SiAlON 陶瓷的显微组织与力学性能［J］. 硅酸盐学报, 2008, 36(8): 1134-1139.

［6］SHELBY J E, KOHLI J. Rare-earth aluminosilicate glasses［J］. J. Am. Ceram. Soc., 1990, 73(1): 39-42.

［7］ROSENFLANZ A, CHEN I W. Kinetics of phase transformations in SiA-lON ceramics: I Effects of cation size, composition and temperature［J］. J. Eur. Ceram. Soc., 1999, 19(13-14): 2325-2335.

［8］LIU C F, YE F, ZHOU Y, et al. Effect of different rare-earth on micro-structure and properties of α–SiAlON ceramics［J］. Journal of Materials Science & Technology, 2008, 24(6), 878-882.

［9］KIM H D, HAN B D, PARK D S, et al. Novel two-step sintering process to obtain a bimodal microstructure in silicon nitride［J］. J. Am. Ceram.

Soc. , 2002, 85(1): 245-252.

[10] GUO S Q, HIROSAKI N, YAMAMOTO Y, et al. Fracture toughness of hot-pressed $Lu_2Si_2O_7-Si_3N_4$ and $Lu_4Si_2O_7N_2-Si_3N_4$ ceramics and correlation to microstructure and grain-boundary phases[J]. Ceram. Int. , 2004, 30(5): 635- 641.

[11] YE F, LIU C F, LIU L M, et al. Microstructure and mechanical properties of multi-cation containing $\alpha-SiAlONs$[J]. Ceram. Int. , 2009, 35: 725-731.

[12] CLARKE D R. On the equilibrium thickness of intergranular glass phases in ceramic materials[J]. J. Am. Ceram. Soc. , 1987, 70: 15-22.

[13] BOBETH M, CLARKE D R, POMPE W. A diffuse interface description of intergranular films in polycrystalline ceramics[J]. J. Am. Ceram. Soc. ,1999,82(6):1537-1546.

[14] KLEEBE H J, CINIBULK M K, CANNON R M, et al. Statistical analysis of the intergranular film thickness in silicon nitride ceramics[J]. J. Am. Ceram. Soc. , 1993, 76(8): 1969-1977.

[15] YE F, LIU C F, LIU L M, et al. $Sc^{3+}-Lu^{3+}-doped$ $\alpha-SiAlONs$[J]. Journal of the American Ceramics Society, 2008,91(3):1022-1026.

[16] 孟庆昌. 透射电子显微学[M]. 哈尔滨:哈尔滨工业大学出版社, 2000.

第3章 高熔点稀土氧化物掺杂的 α-SiAlON 陶瓷组织与性能

α-SiAlON 陶瓷的高温性能主要受晶间相的软化温度及其黏度的影响,因此,添加高熔点稀土烧结助剂对于获得具有高熔点和高析晶度的晶界相是非常重要的。Lu_2O_3具有高熔点,在Si_3N_4陶瓷制备中获得了成功应用[1,2],其阳离子半径较小,在 α-SiAlON 晶粒中的稳定性高。使用 Lu_2O_3作为烧结助剂制备的 α-SiAlON 陶瓷还具有较好的耐摩擦磨损性能[3],选用合适的工艺与成分可有效地控制陶瓷的微观组织与力学性能。此外,本章对于离子半径很小的高熔点稀土 Sc_2O_3 作为烧结助剂,所得的 Sc-SiAlON陶瓷微观结构与性能也做了介绍。

3.1 Lu-α-SiAlON 陶瓷的微观组织与力学性能

3.1.1 Lu-α-SiAlON 陶瓷的物相

Lu-α-SiAlON 陶瓷主要由 α-SiAlON 相构成,含有少量 $J'(Lu_4Si_{2-x}Al_xO_{7+x}N_{2-x})$ 晶间相,随着过量 Lu_2O_3 含量的增加,二次析晶相含量增多(图3.1)。这是由于过量 Lu_2O_3 含量的增加导致烧结过程中液相量增大,在后期冷却过程中形成较多的液相析晶。

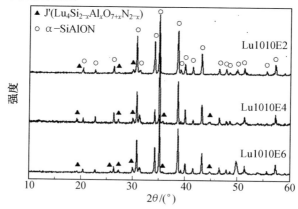

图 3.1　不同含量 Lu_2O_3 稳定 α-SiAlON 陶瓷的 XRD 图谱

3.1.2 Lu-α-SiAlON 陶瓷的微观组织

不同含量 Lu_2O_3 稳定 α-SiAlON 陶瓷的表面腐蚀形貌如图 3.2 所示。很明显,长棒状晶粒出现在陶瓷中,而且大的长棒状晶粒和细小晶粒共存。但长晶粒的数量及其尺寸却由于添加 Lu_2O_3 含量的不同而有很大的差异。其中,Lu1010E2 中长棒状晶粒呈现短粗状;Lu1010E4 中长棒状晶粒在长度方向上明显长大,晶粒很长,但是在径向上变化不大,同 Lu1010E2 相近;而 Lu1010E6 中长棒状晶粒并没有因为陶瓷中 Lu_2O_3 含量的进一步增加使得长度增大,相反同 Lu1010E4 相比略短,而且在径向上也较 Lu1010E4 细小。

(a) Lu1010E2

(b) Lu1010E4

(c) Lu1010E6

图 3.2 不同含量 Lu_2O_3 稳定 α-SiAlON 陶瓷的表面腐蚀形貌[2]

Lu-α-SiAlON 陶瓷晶粒尺寸及长径比分布与过量 Lu_2O_3 含量的关系如图 3.3 所示。由图可以看出三种陶瓷的晶粒尺寸都呈现双峰分布,其中,Lu1010E6 和 Lu1010E4 陶瓷双峰分布曲线更加明显。Lu1010E6 陶瓷的晶粒径向尺寸多分布在 0.3~0.7 μm,而 Lu1010E2 和 Lu1010E4 则多分

布在 0.6~1.0 μm，平均尺寸上 Lu1010E2 略大于 Lu1010E4 晶粒。在长径
比分布方面，Lu1010E2 陶瓷的长径比分布范围窄，平均长径比只有 2 且长
径比大的晶粒极少；Lu1010E4 陶瓷的晶粒长径比分布范围最宽，平均为
3.0，部分长棒状晶粒甚至达到了 6；Lu1010E6 陶瓷位于二者之间，平均为
2.5，长径比大的长棒状数也较多。说明随着稀土氧化物含量的增加，烧结
过程中液相量增加，为长棒状晶粒的生长提供了环境。

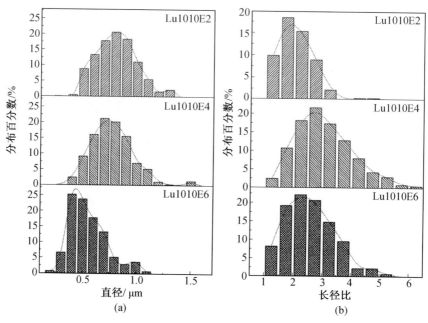

图 3.3　Lu-α-SiAlON 陶瓷晶粒尺寸及长径比分布与过量 Lu₂O₃ 含量的关系[4]

　　图 3.4 为 Lu1010E6 陶瓷的 TEM 显微组织及 EDS 分析图谱。从图
3.4(a)可以看出，长径比很大的棒状 α-SiAlON 晶粒镶嵌在细小晶粒基体
中，在 3 个或 4 个晶粒围成的区域可以看到衬度较暗的晶间相，如图中白
色箭头所示。结合图 3.4(b)和 3.4(c)的 SAD 和 EDS 分析图谱，可以确
定该晶间相为 J′相。J′相具有正方结构，晶格常数分别为 $a = 10.396$ nm，
$c = 3.729$ nm。

　　除此之外，在长棒状晶粒内能够看到晶核的存在，如图 3.4(a)中箭头
所示。对晶粒中的核和壳的成分进行分析，如图 3.4(d)所示。壳处含有
Si、Al、O、N、Lu 共 5 种元素，相比较，核处几乎不含有稀土 Lu，而且 Al 和 O
的浓度也很低，说明 Lu-α-SiAlON 晶粒是以未溶解的 α-Si₃N₄ 颗粒为晶核
进一步外延生长的，这和第 2 章 ScLu-α-SiAlON 陶瓷的描述是一致的。

由于晶核在试样制备过程中容易脱落或比较薄等原因,成分分析时不可避免地引入了壳处的成分,因而核处的 Al 和 O 的计数强度不为零。

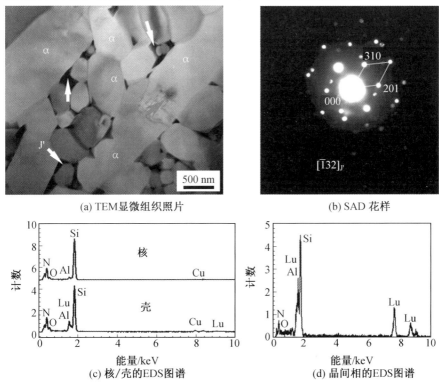

(a) TEM显微组织照片　　　　　　　(b) SAD 花样

(c) 核/壳的EDS图谱　　　　　　　(d) 晶间相的EDS图谱

图 3.4　Lu1010E6 陶瓷的 TEM 显微组织及 EDS 分析图谱

3.1.3　Lu-α-SiAlON 陶瓷的力学性能

过量 Lu_2O_3 含量对 Lu-α-SiAlON 陶瓷的力学性能影响如图 3.5 所示。可以看出 Lu-α-SiAlON 陶瓷都具有很高的硬度,均高于21 GPa。随着掺杂过量 Lu_2O_3 含量的增加,陶瓷的硬度略有下降。这主要与陶瓷的相组成有关,α-SiAlON 相作为材料的主晶相,使得陶瓷具有高硬度。同时,由于 Lu_2O_3 含量的增加导致材料烧结过程中液相含量增加,冷却后材料中的晶间相增加,从而使得材料的硬度略为降低。

热压法 1 800 ℃合成的 Lu-α-SiAlON 陶瓷具有高于 21 GPa 的维氏硬度。随 Lu_2O_3 用量增加,晶间相增加而使硬度略降。由于棒晶的强韧化效果,其强度和韧性较等轴晶 Lu-SiAlON 陶瓷高(强度和韧性分别为 391 MPa和2.6 MPa·$m^{1/2}$)。强度和断裂韧性值随过量 Lu_2O_3 含量的增加,在质量分数为 4% 时达到峰值,然后略有降低。

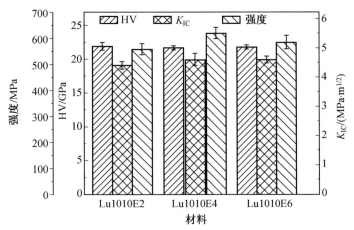

图 3.5　过量 Lu_2O_3 含量对 Lu-α-SiAlON 陶瓷的力学性能影响[4]

与硬度变化趋势不同,其三点弯曲强度和断裂韧性值随着过量稳定剂 Lu_2O_3 含量的增加先增大,但高于 4% 时,强度与韧性又略有降低。这一变化主要是由陶瓷的显微组织决定的。根据之前的组织观察分析可知,Lu_2O_3 含量的增加在材料烧结过程中为 α-SiAlON 晶粒的长大提供了自由的空间,特别是在长度方向上。长棒状晶粒的增多以及长径比的增大为陶瓷增强增韧效果的实现提供了条件,促进了陶瓷的自增韧。由于 Lu_2O_3 质量分数为 4% 时,陶瓷的长棒状晶粒最多,而且长径比分布也最宽,因而 LuE4 陶瓷的强度和韧性都优于另外两种成分的 Lu-α-SiAlON。而 Lu1010E2 陶瓷具有最小的长径比而且等轴晶较多,材料的自增韧不明显,韧性与强度均略低。Lu1010E6 陶瓷长径比较大,但晶粒尺寸较小,致使其性能位于二者之间。但总体说来,由于长棒状晶粒的生成,使得本章中的 Lu-α-SiAlON 陶瓷的强度和韧性较具有等轴晶的同稳定剂稳定的 α-SiAlON 陶瓷要高很多。由等轴晶组成的 Lu-α-SiAlON 陶瓷的强度和断裂韧性只有(391 ± 74)MPa 和(2.6 ± 0.11)MPa · $m^{1/2}$[3]。

　　Lu-α-SiAlON 陶瓷的长棒状晶粒的生成对材料力学性能的改善起到了很大作用。根据材料的断口形貌(图 3.6),三种不同含量 Lu_2O_3 掺杂的 α-SiAlON 陶瓷的断口都很粗糙,特别是在 Lu_2O_3 含量较高的 Lu1010E4 和 Lu1010E6 陶瓷中更为明显,断口表面存在大量的长棒状晶粒与基体解离时留下的印痕,这些长棒状晶粒的取向都近似平行于断裂表面,而且还能观察到很多突出于基体的长棒状晶粒以及具有一定刻面形貌的孔洞。这些特征都是长棒状晶粒在断裂时从基体中拔出产生的。这些现象说明材料中存在弱晶界结构适宜裂纹的偏转和长晶粒的拔出,在裂纹扩展过程中,消耗更多的断裂能,进而实现陶瓷的韧化。而且长棒状晶粒的产生也使得其具有陶瓷中增强纤维的作用,对于陶瓷的强化起到了很好的效果。

(a) Lu1010E2 (b) Lu1010E4

(c) Lu1010E6

图 3.6 不同含量 Lu$_2$O$_3$ 掺杂 α-SiAlON 陶瓷的断口形貌[2]

3.2 热处理对 Lu-α-SiAlON 陶瓷组织与性能的影响

3.2.1 热处理对相组成及晶粒形貌的影响

选择 N$_2$ 保护气氛下 1 800 ℃/1 h 热处理工艺条件,研究了 Lu-α-SiAlON陶瓷组织和性能的演变。热处理促进了陶瓷中玻璃相的结晶,J′相含量的增加,使 XRD 峰强增加(图 3.7)。

热处理能够促进晶粒的各向异性生长,Lu-α-SiAlON 陶瓷中棒晶数量

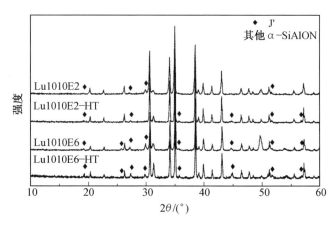

图 3.7 Lu-α-SiAlON 陶瓷的 XRD 谱图(1 800 ℃热处理前后)

增多,长径比变大。Lu-α-SiAlON 晶粒宽度随添加剂 Lu_2O_3 含量的增加而减小,热处理使晶粒长度及长径比分布范围变宽,例如 Lu1010E6 陶瓷中的晶粒平均长度由处理前的 1.5 μm 增大到 2.2 μm,直径由 0.56 μm 增大到0.64 μm,长径比由 2.6 扩大到 3.4(图 3.8 和图 3.9)。

(a) Lu1010E2

(b) Lu1010E2-HT

(c) Lu1010E6

(d) Lu1010E6-HT

图 3.8 热处理前后的 Lu-α-SiAlON 的腐蚀表面形貌[6]

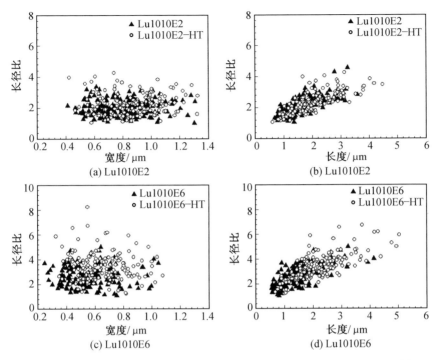

图 3.9　热处理前后 Lu-α-SiAlON 陶瓷的长径比分布与晶粒尺寸的关系图[6]

3.2.2　热处理对晶间相和 SiAlON 成分的影响

热处理后陶瓷中 α-SiAlON 晶粒的形貌变化主要归因于热处理过程引起的成分变化。图 3.10 表明,热处理使晶间相向三角晶界聚集,相邻两 α-SiAlON 晶粒之间的晶间层减少,几乎消失。α-SiAlON 材料热处理过程中发生反应:α_1+晶间液相+$J'_1 \longrightarrow \alpha_2$+$J'_2$。晶间相中 Lu、Al 及 O 的质量分数增加;α-SiAlON 晶内 Lu、Si、Al 的质量分数降低而 N 的质量分数增加(表3.1)。说明热处理促进了晶间相的溶解度增大,而且 Al—O 键的替代增加,但 α-SiAlON 相的固溶度下降。

表 3.1　Lu-α-SiAlON(Lu1010E6)晶粒和晶间相成分(质量分数)　　%

晶相	状态	Lu	Si	Al	O	N
α-SiAlON	处理前	2.1	53.6	11.8	6.1	26.2
	处理后	1.9	41.5	10.2	4.0	42.1
晶间相	处理前	12.5	40.5	11.1	7.6	28.0
	处理后	30.1	20.6	12.9	30.1	6.0

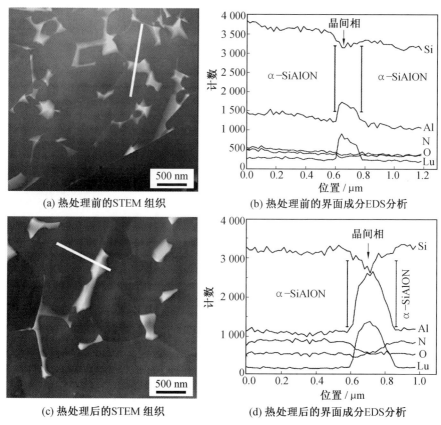

(a) 热处理前的 STEM 组织　　　　(b) 热处理前的界面成分 EDS 分析

(c) 热处理后的 STEM 组织　　　　(d) 热处理后的界面成分 EDS 分析

图 3.10　Lu1010E6 陶瓷热处理前、后 STEM 组织及界面成分 EDS 分析[7]

　　事实上,对 α–SiAlON 陶瓷进行热处理只能促进晶间相的晶化,两晶粒间界面的非晶层很难完全消除。图 3.11 为 Lu1010E6 热处理后的界面形貌的 HREM 像及晶界相的 SAD 图。可见 α_I–SiAlON 和 α_{II}–SiAlON 晶粒没有任何取向关系,且二者间界面干净,没有非晶层。α_{II}–SiAlON 和 α_{III}–SiAlON 晶粒之间的界面同样没有观察到非晶层,相邻 α–SiAlON 晶粒间几乎直接结合。但在 α_I–SiAlON 和 α_{III}–SiAlON 晶粒之间的界面则能明显地看到存在一层厚度大约为 0.75 μm 的非晶薄膜。说明热处理有效减少了界面非晶层的存在,但不能完全消除。

　　一些研究指出,在 Si_3N_4 基陶瓷中,除了小角度晶界和特殊界面外,所有的界面处都存在一层很薄的玻璃膜,厚度为几纳米[8],对于含有某一种烧结助剂的成分来说,膜的厚度是固定不变的,与烧结助剂的含量没有关系。理论研究和试验验证在 Si_3N_4 基陶瓷中由于穿过晶界的范德瓦耳斯吸引力和多种排斥力的相互作用的平衡导致非晶膜稳定存在[9]。

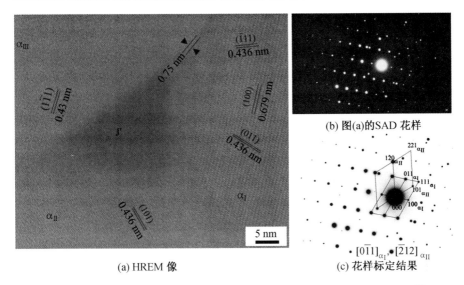

(a) HREM 像

(b) 图(a)的SAD 花样

(c) 花样标定结果

图 3.11 热处理后的 Lu1010E6 界面形貌的 HREM 像及晶界相的 SAD 图[7]

3.2.3 热处理对 Lu-α-SiAlON 陶瓷力学性能的影响

热处理未改变 Lu-α-SiAlON 的物相组成,材料的维氏硬度仍保持在 21GPa 以上;α-SiAlON 晶粒长度增加、长径比增大使得强度和韧性均有所提高,晶界相分布的改变对力学性能也有影响(表 3.2)。断口和压痕裂纹扩展路径观察结果表明(图 3.12),热处理后样品断裂时有大量长棒状晶粒拔出,裂纹的偏转和桥连增加。大的长棒状晶粒分布在细小的基体中被认为有利于实现断裂过程中长棒状晶粒从基体中的解离和拔出以及裂纹沿长棒状晶粒的偏转等。通常,在一定的晶粒尺寸范围内,晶粒径向方向的增大对于晶粒拔出提高韧性有利,而长径比的增大则对实现裂纹偏转提高韧性等有贡献[10]。当裂纹遇到大的长棒状晶粒时,扩展路径变得更曲折,进而增加了裂纹表面积,增大了裂纹扩展阻力。长晶粒的拔出由于增加了裂纹扩展所需克服的拔出功和断裂功而使韧性进一步提高。

表 3.2 热处理前后 Lu-α-SiAlON 的力学性能[6]

试样	维氏硬度/GPa	断裂韧性/($MPa \cdot m^{1/2}$)	强度/MPa
Lu1010E2	22.0±0.4	4.4±0.1	558.5
Lu1010E2-HT	21.8±0.5	4.8±0.2	580.4
Lu1010E6	21.8±0.3	4.6±0.1	585.5
Lu1010E6-HT	21.6±0.3	5.1±0.2	639.1

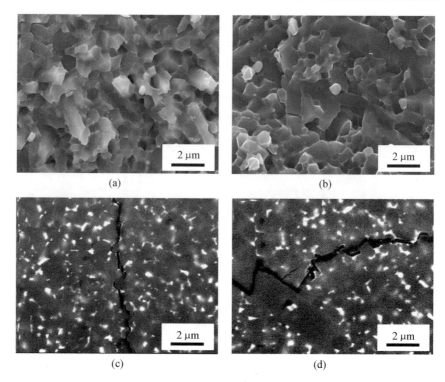

图 3.12　热处理后 Lu-α-SiAlON(Lu1010E6)的断口形貌及压痕裂纹扩展路径[1]

3.3　Sc$_2$O$_3$掺杂制备 SiAlON 陶瓷的微观结构与力学性能

　　以 Sc$_2$O$_3$为烧结助剂热压烧结制备的 Sc1010E2 陶瓷主要由 β-SiAlON 相构成,并含有少量的 12H-AlN-多型体(图 3.13),可能由于 Sc(0.073 nm)的离子半径太小,不能稳定 α-SiAlON。β-SiAlON 晶粒呈现较小的长径比甚至等轴状,这与通常观察到的长棒状 β-SiAlON 晶粒形貌不同(图 3.14)。

　　Sc1010E2 陶瓷的典型 TEM 照片显示(图 3.15),等轴 β-SiAlON 晶粒之间以及与纤维锌矿状晶体之间都是紧密结合的,几乎观察不到晶间相的存在。图 3.15(b)所示成分谱线只检测出 Si、Al、O 和 N 共 4 种元素,结合[010]方向的电子衍射花样,证明等轴晶粒为 β-SiAlON 相。

　　在纤维锌矿状晶体中,除了 Si、Al、O 和 N 这 4 种元素外,还吸收了大量的 Sc,而且 Al 的含量远远高于 Si 的含量。各元素的成分分别为 2.968Sc、30.635Al、12.618Si、10.692O 和 43.084N(原子数分数)。M/X(M=Sc, Si, Al, X=O, N)约为 0.86,与 12H-AlN 多型体的 M/X 值相近

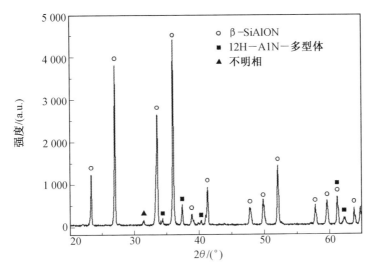

图 3.13　Sc₂O₃ 为烧结助剂制备的 SiAlON 陶瓷的 XRD 图谱

图 3.14　Sc1010E2 陶瓷的表面腐蚀形貌[6]

（M/X＝6/7）。该 12H-AlN 多型体的成分可能为 $Sc_{0.4}Si_{1.6}Al_4O_{1.4}N_{5.6}$。对图 3.15（e）和图 3.15（f）所示的电子衍射花样进行标定，进一步证实该相为 12H 相，由于该相中含有 Sc 元素，为了区别于纯的 12H-AlN 多型体（5AlN · SiO₂），称它为 12H′，以下将不再特别说明。一些研究也指出[11,12]，其他小离子半径的金属离子，如 Li⁺、Mg²⁺和 Be⁺等均能进入到 AlN多型体结构中的四面体或八面体位置，形成含有金属离子的 AlN-多型体。12H′的形成为材料中晶间相含量的减少提供了一条可行之路。

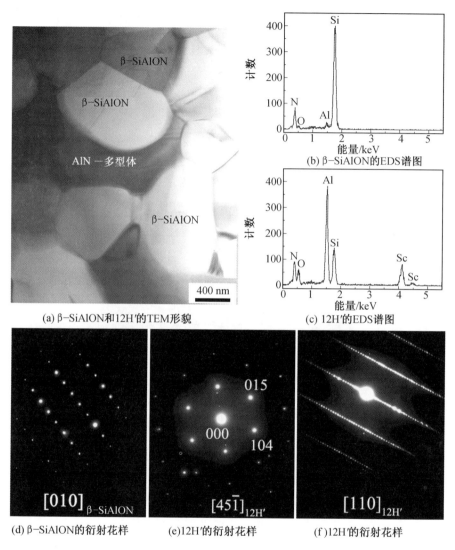

(a) β-SiAlON和12H′的TEM形貌

(b) β-SiAlON的EDS谱图

(c) 12H′的EDS谱图

(d) β-SiAlON的衍射花样

(e) 12H′的衍射花样

(f) 12H′的衍射花样

图 3.15 Sc1010E2 陶瓷的典型 TEM 照片[6]

由于 β-SiAlON 相为主晶相,Sc1010E2 材料具有 β-SiAlON 陶瓷典型的低硬度的特征,只有 (16.6 ± 0.1) GPa。β-SiAlON 晶粒的等轴状形貌,使得陶瓷的强度和断裂韧性同通常的棒晶 β-SiAlON 陶瓷相比稍低,分别为 (541 ± 10) MPa 和 (3.8 ± 0.2) MPa·m$^{1/2}$。断口较平滑,主要为沿晶断裂,也有少部分的穿晶断裂,并伴随有少量晶粒的拔出。断口表面留有晶粒拔出后的孔洞(图 3.16)。

图 3.16 Sc1010E2 陶瓷断口形貌的 SEM 照片

3.4 高温力学性能

图 3.17(a)和图 3.18(a)分别为 Lu1010E4 和 ScLu1010E2 陶瓷的抗弯强度与测试温度的关系曲线。结果显示二者的强度随测试温度变化趋势相近,随着测试温度升高,强度缓慢下降;当温度升高到 1 400 ℃时,强度又略有增加。它们在高温下的抗弯强度很高,都在 550 MPa 以上,说明高熔点的 Lu_2O_3 作为稳定助剂,能够有效地改善 α-SiAlON 陶瓷的高温力学性能。

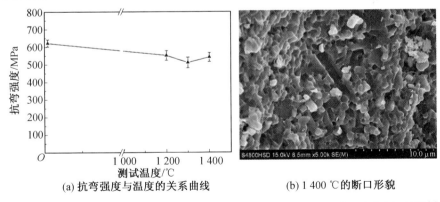

(a) 抗弯强度与温度的关系曲线 (b) 1 400 ℃的断口形貌

图 3.17 Lu1010E4 陶瓷的抗弯强度与测试温度的关系曲线及 1 400 ℃高温弯曲断口形貌[4]

α-SiAlON 陶瓷在高温下通常发生不同的变化过程,如氧化、缓慢裂纹扩展、腐蚀等,这主要受晶间相的化学成分与含量差异的影响,结果致使新的缺陷产生,并决定了材料的断裂行为及其服役寿命。这些过程的发生程度主要依赖于陶瓷中玻璃晶间相的软化温度、黏度以及已晶化的晶间相的熔点。Lu_2O_3 稳定 α-SiALON 陶瓷有助于形成高熔点的晶界相 J′,而且含有小半径稀土离子的硅铝酸盐具有较强的离子场强及较高的玻璃转化温度[5],高温下界面软化不严重,从而保证了材料的高温可靠性。

此外,由图 3.18 还可以看出,复合掺杂 ScLu-α-SiALON 陶瓷在任何温度下的强度均高于 Lu-α-SiALON 陶瓷。根据第 2 章的分析可知,ScLu-α-SiALON 陶瓷由于生成了少量的 12H-AlN-多型体,大大降低了晶间相含量,从而有利于界面的强化,而且长径比较大的 β-SiALON 相对材料也具有明显的增强效果。

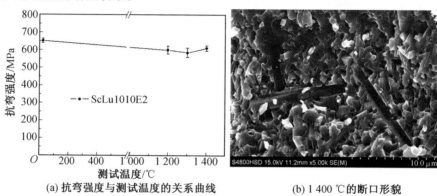

(a) 抗弯强度与测试温度的关系曲线   (b) 1 400 ℃的断口形貌

图 3.18 ScLu1010E2 陶瓷的抗弯强度与测试温度的关系曲线及 1 400 ℃高温弯曲断口形貌[6]

通过 Lu-α-SiALON 和 ScLu-α-SiALON 陶瓷 1 400 ℃下测试后的高温断口形貌(图 3.17(b) 和 3.18(b))可以看出,断裂模式仍为穿晶和沿晶断裂共存。同常温断口相比,可以看出长棒状晶粒拔出增多,断口处存在明显的晶粒拔出后留下的凹坑和孔洞,但沿晶断裂的晶粒边缘以及穿晶断裂后的界面边缘仍然十分清晰,表明晶界略有弱化,促进了长棒状晶粒的拔出,但晶间相的玻璃软化程度低,界面强度仍然很高,使得材料的强度下降程度较小,因此材料的高温可靠性增强。

参考文献

[1] GUO S Q, HIROSAKI N, YAMAMOTO Y, et al. Improvement of hight-temperature strength of hot-pressed sintering silicon nitride with Lu_2O_3 addition [J]. Scripta Materialia, 2001, 45: 867-874.

［2］ GUO S Q, HIROSAKI N, NISHIMURA T, et al. Hot-pressed silicon nitride ceramics with Lu_2O_3 additives: oxidation and its effect on strength ［J］. J. Am. Ceram. Soc. , 2003, 23(3): 537-545.

［3］ JONES M I, HYUGA H, HIRAO K, et al. Wear properties under dry sliding of $Lu-\alpha-SiAlON$ with in Situ reinforced microstructures［J］. J. Eur. Ceram. Soc. , 2004, 24(13): 3581-3589.

［4］ YE F, LIU C F, ZHOU Y, et al. Microstructure and properties of self-reinforced $\alpha-SiAlON$ ceramics doped with Lu_2O_3［J］. Mater. Sci. Eng. A. , 2008, 496(1-2): 143-149.

［5］ SHELBY J E, KOHLI J. Rare-earth aluminosilicate glasses［J］. J. Am. Ceram. Soc. , 1990, 73(1): 39-42.

［6］刘春凤. 稀土添加剂的类型对 $\alpha-SiAlON$ 陶瓷组织与性能的影响［D］. 哈尔滨:哈尔滨工业大学, 2007.

［7］ LIU C F, YE F, ZHOU Y. Effect of post heat-treatment on microstructure and properties of $Lu-doped$ $\alpha-SiAlON$ ceramics［J］. Journal of Alloys and Compounds, 2009, 475: 735-740.

［8］ KLEEBE H J, CINIBULK M K, CANNON R M, et al. Statistical analysis of the intergranular film thickness in silicon nitride ceramics［J］. J. Am. Ceram. Soc. , 1993, 76(8): 1969-1977.

［9］ CLARKE D R. On the equilibrium thickness of intergranular glass phases in ceramic materials［J］. J. Am. Ceram. Soc. , 1987, 70: 15-22.

［10］ MITOMO M, UENOSONO S. Microstructural development during gaspressure sintering of $\alpha-silicon$ nitride［J］. J. Am. Ceram. Soc. , 1992, 75(1): 103.

［11］ WANG P L, ZHANG C, SUN W Y, et al. Formation behavior of multication $\alpha-SiAlONs$ containing calcium and magnesium ［J］. Mater. Lett. , 1999, 38(3): 178-185.

［12］ THOMPSON D P, KORGUL P, HENDRY A. The structural characterization of SiAlON polytypoids ［M］. Progress in nitrogen ceramics, ed. RILEY F L, NIJHOFF M. The Netherlands: The Hague, 1983: 61-74.

第4章 α-SiAlON 成核生长机理及界面行为

实现 α-SiAlON 陶瓷微结构控制的核心在于陶瓷晶粒的形核率控制及生长环境的满足,无论稀土单一掺杂还是复合掺杂,长棒状 α-SiAlON 晶粒内普遍存在晶核,晶粒与晶核之间存在相同的取向关系,为棒晶的外延生长提供了先决条件,体系液相又为棒晶的各向异性长大提供了必要的生长环境。本章从晶粒与晶核的界面结构、晶粒与晶间相及其他相的界面的精细结构分析入手,详细阐述 α-SiAlON 的形核与生长过程。

4.1 α-SiAlON 的成核机理

形核位和长大速率的控制是 SiAlON 动力学研究的两个主要方面,对自韧化 α-SiAlON 陶瓷的组织演变意义重大。热力学稳定相在液相中均质形核,或者在已存晶体上非均匀形核。在 SiAlON 陶瓷的烧结过程中,研究认为有三种可能的形核机制[1,2]:

(1)在过饱和氧氮液相中的均匀形核;

(2)在 α-Si$_3$N$_4$ 或 β-Si$_3$N$_4$ 颗粒上的异质形核;

(3)在已存在的 α-SiAlON 或 β-SiAlON 晶种上同质形核并长大。

α-SiAlON 晶粒内大都含有晶核,即所谓的核/壳结构,在晶核周围存在一些错配位错,表明晶核和它外部的晶粒间存在一定的晶格畸变。现以 Yb-α-SiAlON、Sm-α-SiAlON 和 Nd-α-SiAlON 陶瓷为例加以阐明。

图 4.1(a)显示了 Yb-α-SiAlON 晶粒中的核/壳结构,图 4.1(b)为核/壳结构的选区电子衍射花样,显示只有一套衍射斑点,说明二者结构相同,晶格间距相近,其衍射方向为 [01$\bar{1}$]。核和壳处的 EDS 分析结果表明,在核处基本没有 Al,稀土 Yb 含量也很低,但在壳处,除了 Si 外,稀土和 Al 的含量都很高,O、N 等其他元素由于原子序数较低,特征谱线没有出现。

Sm-α-SiAlON 的显微组织中,α-SiAlON 晶核和外延层元素含量变化与 Yb-α-SiAlON 陶瓷相似,核/壳二者具有相同的晶体结构和晶体学取向,晶带轴方向均为 [0$\bar{1}$0],但壳处的晶格间距较核处略大,图 4.2 示出了 Sm-α-SiAlON 的 TEM 显微照片及成分谱图,白色箭头所指部位为晶核。

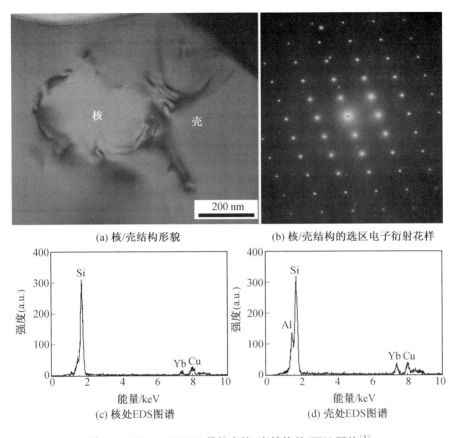

(a) 核/壳结构形貌   (b) 核/壳结构的选区电子衍射花样

(c) 核处EDS图谱   (d) 壳处EDS图谱

图 4.1   Yb-α-SiAlON 晶粒中核/壳结构的 TEM 照片[3]

综合上面两种材料中 α-SiAlON 晶粒的能谱成分及和衍射分析,揭示出 α-SiAlON 晶粒是以初始粉末中未完全溶解的 α-Si_3N_4 颗粒为优先形核位置,通过异质形核而长大的。由于 α-SiAlON 结构中溶入稀土离子,其晶格间距较 α-Si_3N_4 略有增加。成分以及晶格尺寸的差异致使晶核周围产生畸变,有错配位错出现在核/壳界面处。

在 Nd-α-SiAlON 中,同样观察到了 α-SiAlON 晶粒中的核/壳结构。除此之外,在高长径比的 β-SiAlON 晶粒内也观察到了相似的核/壳结构(图4.3)。从长棒状晶粒及其内部晶核的成分分析(图4.3(b)和图4.3(c))可以看出,二者内都没有稀土元素的存在。其中,晶核中含有 Si 和 N,而 Al 和 O 元素的峰则非常弱。相比较,壳的成分中除了 Si 和 N,Al 和 O 元素的峰也非常强。除此之外,在晶核外部发现存在一些错配位错,表明晶核和晶粒之间的热膨胀不匹配。莫尔干涉条纹的出现也说明在晶核和晶粒间

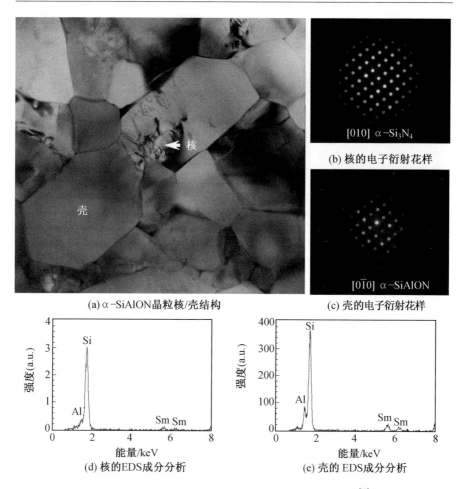

(a) α-SiAlON晶粒核/壳结构

(b) 核的电子衍射花样

(c) 壳的电子衍射花样

(d) 核的EDS成分分析

(e) 壳的EDS成分分析

图4.2 Sm-α-SiAlON 的 TEM 显微照片及成分谱图[4]

存在小的转动错配。图4.3(d)是该长棒状 β-SiAlON 晶粒的选区电子衍射花样,衍射方向为[$10\bar{1}$]。根据上述分析可以得到这样的结论,长棒状 β-SiAlON晶粒极可能以 Si_3N_4 颗粒为核并长大。由于原始Si_3N_4粉末中含有极少量的 β-Si_3N_4颗粒,因此,晶核很可能是 β-Si_3N_4,但是也不能排除 α-Si_3N_4的可能,因为在其他的研究报道中确实发现了β-SiAlON晶粒在 α-Si_3N_4颗粒上生长的现象[1]。由于晶核的尺寸很小,以及数据采集过程中 TEM 试样位置的可能漂移使得很难完全避免临近晶粒的信息收集,而且由于 TEM 试样制备过程中晶核的脱落,很难找到完整的晶核。因此在晶核的成分分析中,经常有 Al 或稀土等元素的谱线出现。这是所有 α-SiAlON或 β-SiAlON 晶粒核/壳结构的成分分析中普遍存在的问题。

图 4.3 同时显示了 Nd-α-SiAlON 陶瓷中的晶间相的形貌和分布,如箭头所示。结合图 4.3(e) 和图 4.3(f) 所示的衍射花样的标定及成分分析,晶间相可以被确定为晶化的黄长石相($Nd_2Si_{3-x}Al_xO_{3+x}N_{4-x}$),简称为 M',其含有大量的稀土元素。晶间相主要在三晶粒或四晶粒的连接处呈大块分布,并有少量晶界相将晶粒包围。

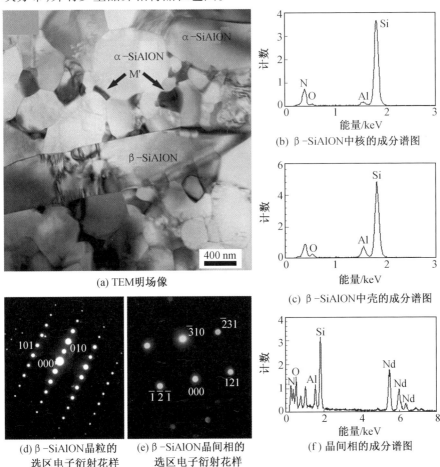

(a) TEM明场像

(b) β-SiAlON中核的成分谱图

(c) β-SiAlON中壳的成分谱图

(d) β-SiAlON晶粒的
选区电子衍射花样

(e) β-SiAlON晶间相的
选区电子衍射花样

(f) 晶间相的成分谱图

图 4.3 Nd-α-SiAlON 的 TEM 显微照片与成分谱图[5]

Y1010E2 的 STEM 组织照片(图 4.4)显示晶核衬度较外延生长的 α-SiAlON暗,说明晶核中 Y 含量较低或者不含 Y 元素而壳处则富集稀土 Y。由核/壳结构沿白色画线的成分变化曲线可知,晶核处 Si 浓度大,Al、Y 浓度低,N、O 与周围相近,表明 Y-α-SiAlON 晶粒以 α-Si$_3$N$_4$ 颗粒为核外延生长。Lu-α-SiAlON(Lu1010E4)晶核与外延成分变化与 Y-SiAlON 一致(图 4.5),这些特征与 Hwang 等[2] 和 Xu 等[6] 人的研究结果相近。

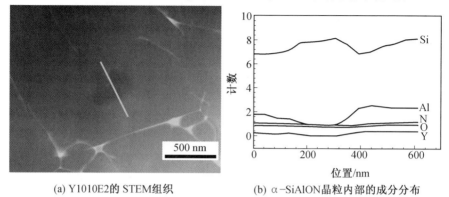

(a) Y1010E2的 STEM组织　　　(b) α-SiAlON晶粒内部的成分分布

图 4.4　Y1010E2 的 STEM 组织及 α-SiAlON 晶粒内部的成分分布

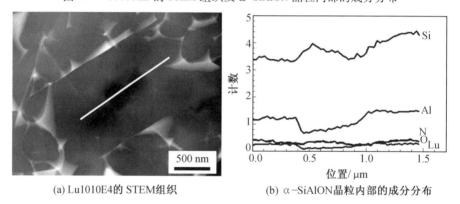

(a) Lu1010E4的 STEM组织　　　(b) α-SiAlON晶粒内部的成分分布

图 4.5　Lu1010E4 的 STEM 组织及 α-SiAlON 晶粒内部的成分分布

　　图 4.6 为 Sc/Lu1010E2 的 STEM 组织及 α-SiAlON 晶粒内部的成分分布,与单一稀土掺杂 α-SiAlON 材料一样,α-SiAlON 晶粒以 α-Si_3N_4 为核外延生长,稀土元素的固溶度由核边界向外层逐渐降低,表明先生成的 α-SiAlON 具有较高的固溶度。核/壳结构的离子浓度比曲线(图 4.6(c))表明在临近核/壳的界面处富集了较高含量的 Al 和稀土 Lu,随着离晶核距离的增大,Al 和 Lu 的浓度下降,说明在以未溶解的以 α-Si_3N_4 为核先沉淀析出的 α-SiAlON 较之后析出的 Al 和 Lu 的含量高,随后析出的由于液相过饱和度下降,导致 α-SiAlON 晶粒中的金属离子的固溶度降低。这与 H. Miyazaki等人的发现是一致的[7]。

　　综上可知,α-SiAlON 普遍遵循以 α-Si_3N_4 颗粒为核外延生长这一生长机制,无论是单一掺杂还是两种离子复合掺杂。

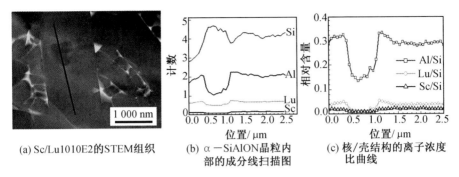

(a) Sc/Lu1010E2的STEM组织

(b) α-SiAlON晶粒内部的成分线扫描图

(c) 核/壳结构的离子浓度比曲线

图 4.6　Sc/Lu1010E2 的 STEM 组织及 α-SiAlON 晶粒内部的成分分布

在 α-SiAlON 的核壳结构中,α-Si$_3$N$_4$ 晶核周围并不是光滑平整,核壳之间成分及晶格常数差异引起的转动错配造成了许多莫尔干涉条纹(图 4.7(a))。对图 4.7(a)中虚线框内的核壳界面进行 HREM 观察(图 4.7(b)),清楚地发现核处的晶面间距较壳处略小,并由于错配应变引起界面处的衬度发生变化,而且在界面处存在较小的晶格畸变,分别沿着(100)(黑色箭头所示)和(001)晶面(白色箭头所示),但是二者由于具有相同的结构,成分相近,因而具有相同的晶体学取向,界面处晶格点阵连续。图 4.7(c)是图 4.7(b)中虚线框处区域的放大像,更加清晰地揭示了界面处的晶格畸变。

异质核心形核理论普遍认为,成为异质核心的能力的大小取决于该核心与结晶相的界面自由能,而影响界面自由能的因素很多。Turnbull 等人[8]结合大量试验认为形核基底与结晶相的点阵错配度是影响界面自由能的主要因素,并指出对于原子排列相似的低指数面,可以通过一维点阵错配度计算公式进行计算:

$$\delta = \Delta a_0 / a_0 \tag{4.1}$$

式中　Δa_0——形核基底与结晶相低指数面的晶格常数差;

　　　a_0——结晶相的晶格常数。

在图 4.7 中,利用公式计算 α-Si$_3$N$_4$ 和 α-SiAlON 的低指数面(100)和(001)的点阵错配度分别为 0.88% 和 1.23%,根据 Bramfitt 对非均匀形核时错配度的计算结果,$\delta < 6\%$ 的核心最为有效[9],说明 α-Si$_3$N$_4$ 在 α-SiAlON 非均匀形核时是非常有效的核心。

图 4.8 是 Y1010E2 中 α-SiAlON 晶粒核/壳结构的典型 HREM 照片,与 ScLu-α-SiAlON 陶瓷中观察的结果相近,在界面处同样存在晶格畸变,低指数面(102)的点阵错配度为 1.14%,满足成为有效核心的基本条件。

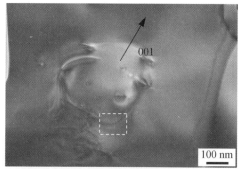

(a) TEM 形貌

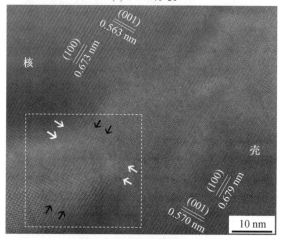

(b) 图(a)中虚线框区域的 HREM 像

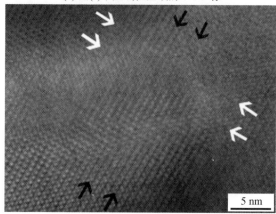

(c) 图(b)中虚线框部分的放大像

图 4.7　Sc/Lu-α-SiAlON 中 α-SiAlON 晶粒核/壳结构的典型 HREM 照片[1]

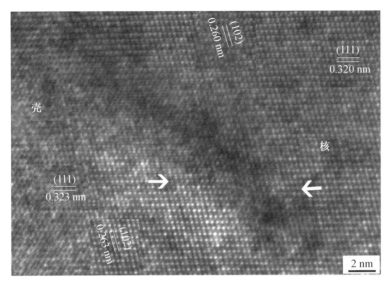

图 4.8　Y1010E2 中 α-SiAlON 晶粒核/壳结构的典型 HREM 照片[1]

在 α-SiAlON 陶瓷的烧结过程中,Al₂O₃和稀土氧化物粉末与 Si₃N₄表面的 SiO₂发生反应形成共晶液相,温度升高,AlN 和 Si₃N₄颗粒根据液相的不同酸碱度先后被液相润湿并发生溶解,伴随着少量达到过饱和度的α-SiAlON均质形核析出以及在未溶解的 α-Si₃N₄颗粒上异质形核。由于均质形核对液相的过饱和度要求很高,因此,在 α-Si₃N₄颗粒上异质形核相对容易发生,但是 α-SiAlON 在 α-Si₃N₄颗粒表面并没有特定的优先形核位置,而是多个 α-SiAlON 同时在一个 α-Si₃N₄颗粒上形核,由于 α-Si₃N₄和 α-SiAlON 晶格尺寸的差异引起的晶格畸变很小,能够通过界面处的错配位错加以调节,在后来的长大过程中,在壳处形成δ边界将各形核位置分隔开[2]。在这一阶段,随着 AlN 和 Si₃N₄颗粒的进一步溶解,液相的过饱和度下降,α-SiAlON 晶粒逐渐长大,其溶解度较开始沉淀析出时要低。大小晶粒之间的尺寸差作为晶粒生长的驱动力引起之前均质形核析出的低于临界尺寸的 α-SiAlON 晶核不能稳定存在又溶解在液相中,而大于临界尺寸的则进一步长大[10],并最终形成等轴晶,那些在 α-Si₃N₄颗粒上形核并外延长大的 α-SiAlON 晶粒则各向异性生长形成长棒状晶粒。扩散过程促使晶粒生长,同时体系中的液相含量降低,晶粒间发生碰撞,生长受到抑制。

4.2　α-SiAlON 晶粒的长大机理

图 4.9 是 YbNd-SiAlON/5% BAS 材料中 α-SiAlON 晶粒的(100)面与 BAS 第二相界面的 HREM 像。α-SiAlON 晶粒的理想形状是由(100)和 (001)面组成的规则六棱柱,六棱柱中部(100)侧面与 BAS 的界面清晰平直,而顶部沿[001]晶向则有很多微小的台阶,并且这些台阶厚度只有一个晶胞的高度。由于这些微小的台阶是在 α-SiAlON 晶粒生长过程中形成的,所以 α-SiAlON 晶粒的生长过程是(100)面的堆垛和(100)面的生长来实现的[11-13]。

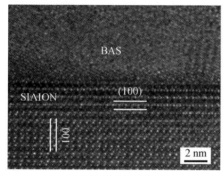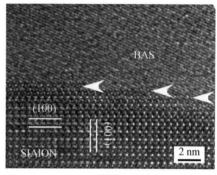

(a) 界面的中间部分　　　　　　　　　　(b) 界面的顶端

图 4.9　YbNd-SiAlON/5% BAS 材料中 α-SiAlON 晶粒的(100)面与 BAS 第二相界面的 HREM 像[14]

α-SiAlON 晶粒 a 轴方向与 BAS 界面结合的 TEM 和 HREM 图像如图 4.10所示,沿[001]方向观察(100)面与 BAS 的界面平直(图 4.10(c)),与 (010)面相交的棱线出现突出的台阶结构,如图 4.10(b)所示。这可能和 α-SiAlON 晶粒{100}面族的生长方式有关。

α-SiAlON 晶粒的六棱柱的光滑侧面上,一旦形成稳定的二维晶核,其四围提供的台阶可接纳原子而使新的(100)面不断长大,最终将原有晶面覆盖。这些生长着的同族晶面在棱线相遇,必将空出一个面间距的台阶。原子填补这个台阶同时受到(100)面与(010)面的制约而处于动态更替状态,一方面造成了棱线的不完整性,另一方面也为新晶面的二维成核提供了机会,对于推动 α-SiAlON 的直径方向生长具有重要的作用。

图 4.11 采用 HREM 观察了图 4.10(a)中以箭头所指位置为中心的 SiAlON 晶粒的(010)面的生长状态,表明新的 α-SiAlON 原子层在{100}

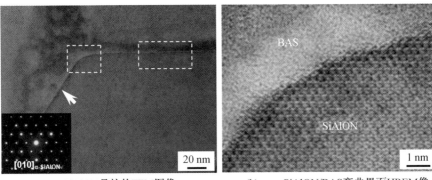

(a) α-SiAlON晶粒的TEM图像　　　(b) α-SiAlON/BAS弯曲界面HREM像

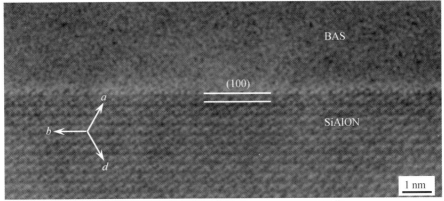

(c) α-SiAlON/BAS直界面的HREM图像

图 4.10　Dy-SiAlON/5% BAS 材料中沿 [001] 方向观察 α-SiAlON 晶粒的 TEM 图像
　　　　及与 BAS 界面的 HREM 图像[14]

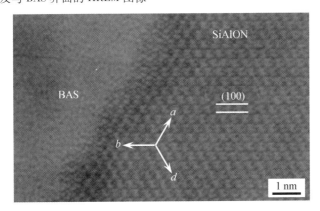

图 4.11　图 4.10(a) 中 Dy-SiAlON 晶粒的 (010) 面与
　　　　BAS 界面的 HREM 图像[14]

面上堆垛外延,先形成外延岛状区作为二维晶核,然后依靠台阶横向生长。这个被观察的晶粒体积很大,因此(010)面同时吸附多个外延岛状区,它们各自沿二维方向铺展并融合,构成侧面的一次长大。岛状区和岛间区平行于电子束方向的原子列中含有的原子数目的差额造成了图 4.10 中 SiAlON 晶粒边界的厚度不均现象。

4.3 α-SiAlON 陶瓷中的晶间相及界面结构

α-SiAlON 陶瓷制备过程中加入烧结助剂,通过固溶—扩散—沉淀析出机制而烧结成致密体。α-SiAlON 晶粒之间由于不同的烧结助剂的加入,具有不同的界面结构。在多晶粒间,如三角晶界处,通常存在大块状的晶间相;而在两个晶粒间界面处,是两个晶粒直接结合还是存在中间层,以及晶间相的存在状态等一直是 α-SiAlON 陶瓷界面结构研究的关键。晶间相的析晶状况以及晶粒间的非晶膜的成分、厚度对 Si_3N_4 基陶瓷的性能,特别是高温性能影响很大。

4.3.1 晶间相及其成分梯度与界面特征

Yb1010E2 陶瓷的 STEM 组织形貌显示其由等轴晶粒构成的(图 4.12)。除此之外,从图中还可以看到在 α-SiAlON 间存在一层非常薄的衬度较亮的晶间相膜。从中选择较大的一处晶间相(大约 50 nm),对穿过该晶间相的 α/α-SiAlON 界面(图 4.12(a)中黑色画线处)的成分变化进行

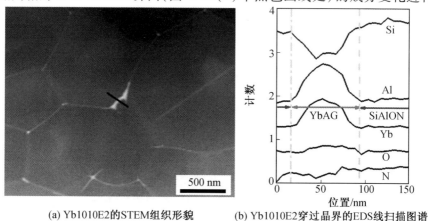

(a) Yb1010E2的STEM组织形貌   (b) Yb1010E2穿过晶界的EDS线扫描图谱

图 4.12　Yb1010E2 陶瓷的 STEM 组织形貌和穿过晶界的 EDS 线扫描图谱[3]

分析,各元素成分变化曲线如图 4.12(b)所示。同 α-SiAlON 相相比较,晶间相中富含更多的稀土 Yb、Al 和 O 元素,而 Si 和 N 元素含量则较低。由于晶间相含量极低,厚度最大只有 50 nm 左右,信号采集很容易涉及邻近的晶粒,因此很难准确定量其成分。研究认为[15,16],离子半径较小的稀土元素,如 Yb、Er 等可以进入到石榴石相的间隙位置,形成稳定的 REAG 相,因此 Yb-α-SiAlON 陶瓷中的晶间相极有可能是 YbAG 相(Yb$_3$Al$_5$O$_{12}$)。

图 4.13 给出了 Y1010E2 陶瓷的 STEM 组织形貌,可以看到细小 Y-α-SiAlON 晶粒间镶嵌有异常长大的各向异性晶粒,在晶粒间有少量的衬度较亮的晶间相,其含量较 Yb1010E2 陶瓷略有增加。沿图 4.13(a)中的黑色线对 α-SiAlON 晶粒到晶间相之间的各元素的浓度梯度进行分析,如图 4.13(b)所示,可以看出 Si 和 Al 的计数强度在晶间相处突然降低,而稀土 Y 的浓度陡增,N 和 O 的浓度变化不明显,这一变化特点与 Yb1010E2 陶瓷明显不同,说明两种陶瓷中的晶间相的类型不同,Y1010E2 陶瓷中的晶间相很可能是黄长石 M′相[17]。

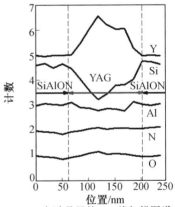

(a) Yb1010E2的STEM组织形貌　　(b) Yb1010E2穿过晶界的EDS线扫描图谱

图 4.13　Y1010E2 的 STEM 组织形貌和穿过晶界的 EDS 线扫描图谱

Yb-α-SiAlON 和 Y-α-SiAlON 体系中不同的晶间相在某种程度上也影响了两陶瓷中 α-SiAlON 晶粒的形貌。Y-M′相的形成温度较 YbAG 相低,使得 Y-α-SiAlON 形成时所需的原材料被 Y-M′相消耗。在 1 500 ℃保温过程中,Y-α-SiAlON 的晶核数量较少,有利于晶粒的各向异性生长。当烧结温度继续升高时,Y-M′相又不断溶解,为 Y-α-SiAlON 的长大提供了环境。而 YbAG 在 1 600 ℃就已完全消失,体系中液相含量很少,之前形成的大量 Yb-α-SiAlON 晶粒相互碰撞且由于缺少液相环境而无法长大。

在 Nd1010E2 陶瓷中,明显看出晶间相含量增加,除了三角晶界处的块状晶间相,同样也观察到了两晶粒间很薄的晶间相层(图 4.14)。图 4.14(b)给出了穿过晶间相薄层的两 α-SiAlON 界面(见图 4.14(a)中画线处)的成分线分布。晶间薄膜处,稀土 Nd 富集,Si 含量则较 α-SiAlON 晶粒低。因为晶间相很薄,只有几个纳米,其他元素变化不明显。

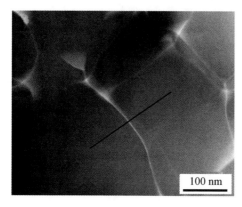
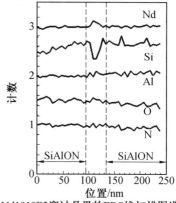

(a) Nd1010E2的STEM组织形貌　　(b) Nd1010E2穿过晶界的EDS线扫描图谱

图 4.14　Nd1010E2 的 STEM 组织形貌和穿过晶界的 EDS 线扫描图谱

图 4.15 揭示了 ScLu-α-SiAlON 陶瓷的 STEM 形貌、各相之间的成分变化及相界面处的元素分布,可见晶间相主要分布在三角晶界,晶界层很薄,取向相近的 SiAlON 晶粒之间甚至看不到晶间层(图 4.15(a))。相界面有 Al、Sc 和 Lu 元素的富集。晶间相中 Al、O、Sc 和 Lu 元素浓度较高,而 Si、N 浓度呈下降趋势,这与 β-SiAlON 相形成引起的扩散相关(图 4.15)。

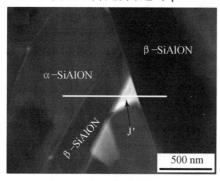
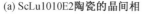
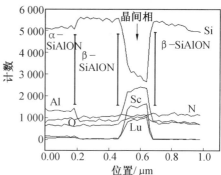

(a) ScLu1010E2陶瓷的晶间相　　(b) ScLu1010E2陶瓷的成分线扫描曲线

图 4.15　ScLu1010E2 陶瓷的晶间相及其成分[3]

Lu-α-SiAlON 陶瓷存在的晶间相为 J′相。J′相通常存在于离子半径较小的稀土稳定的 α-SiAlON 陶瓷中,而且随着离子半径减小稳定性增加。当 Lu$_2$O$_3$ 添加量增加时,Lu-α-SiAlON 陶瓷 J′晶间相含量增加,主要分布在三角晶界。J′相比 α-SiAlON 晶粒含有更多的 Al、Lu 元素。界面的元素浓度分析结果表明,Si、N 浓度在晶间相处降低,而 Lu、Al 浓度增加(图 4.16)。图 4.17 为三种 Lu-α-SiAlON 陶瓷中 α-SiAlON 晶粒与晶间相界面的 Al/Si 和 Lu/Si 相对强度曲线,随过量 Lu$_2$O$_3$ 的添加量增加 4%,J′相中 Si—N 键被 Al—O 键替代增加,稀土 Lu 固溶进入 J′相的量增加;当 Lu$_2$O$_3$ 过量超过 4% 时,键替代与固溶达到饱和,此后 Al 与 Si 浓度的比值及 Lu 的固溶量保持不变。

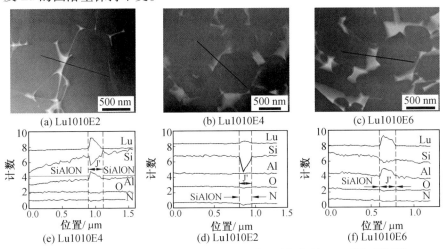

图 4.16 Lu-SiAlON 陶瓷的 STEM 组织形貌及晶间相的 EDS 线扫描图谱

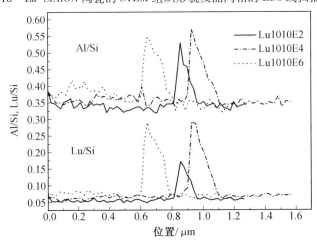

图 4.17 Lu-α-SiAlON 陶瓷中 α-SiAlON 晶粒与晶间相界面的 Al/Si 和 Lu/Si 相对
　　　 强度变化曲线[3]

从前面的观察和分析中可知,在 Nd 稳定的 α-SiAlON 陶瓷中,晶间相含量很高,大部分晶间相分布在由 3 个或 4 个晶粒围成的晶间区域。图 4.18 显示出大块晶间相的 TEM 形貌和它与 α-SiAlON 晶粒之间界面的 HREM 图像。图 4.18(b)是 α-SiAlON 和晶间相 M′的选区电子衍射花样,从该衍射花样中可以将衍射斑点分离出两套,它们分别属于 $[\bar{1}12]$ 晶带轴的 α-SiAlON 相和 $[\bar{1}20]$ 晶带的 M′相,标定结果显示两相间没有任何取向关系。图 4.18(c)为图 4.18(a)中虚线方框部分的 HREM 图像,可以看出,α-SiAlON 和晶间相结合紧密,在二者界面处不存在任何非晶层。

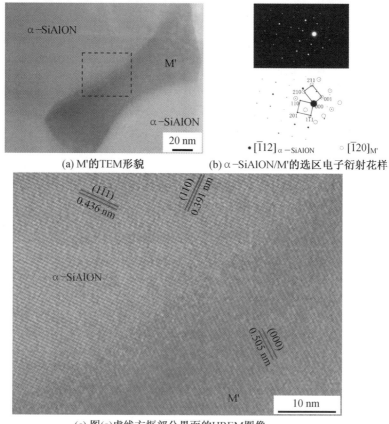

(a) M′的TEM形貌　　　　　(b) α-SiAlON/M′的选区电子衍射花样

(c) 图(a)虚线方框部分界面的HREM图像

图 4.18　Nd1010E2 中晶间相 M′的 TEM 形貌和 α-SiAlON/M′界面的 HREM 像

此外,在 Nd-α-SiAlON 陶瓷中还发现了纤维状组织存在(图 4.19)。其成分分析表明它是由 Si、Al、O 和 N 组成的,而且 Al 的含量远远高于 Si,

这与同样元素构成的 β-SiAlON 的成分完全不同。结合选区电子衍射花样(图 4.19(b) 和图 4.19(c)),可以确定出该相为 21R AlN-多型体,其成分为 $6AlN \cdot SiO_2$,属于六方体系,其晶格参数为 $a = 3.050$ nm,$c = 56.55$ nm。文献[18]指出,纤维状 AlN-多型体相的形成能够有效地减少晶间相,并且对材料的力学性能起到增韧作用[18]。

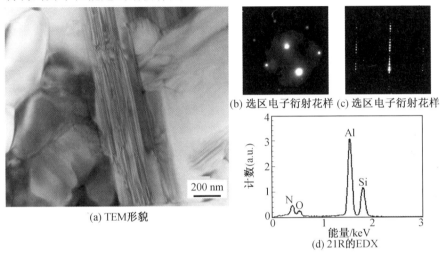

(a) TEM形貌

(b) 选区电子衍射花样 (c) 选区电子衍射花样

(d) 21R的EDX

图 4.19 Nd-SiAlON 陶瓷中的 21R-AlN 多型体的 TEM 形貌、电子衍射花样及 21R 的 EDX 谱图

图 4.20 所示为 ScLu1010E2 陶瓷中长条状 12H′ 相的显微形貌及其电子衍射花样。SAD 标定结果表明,垂直 12H′ 相中的纤维状条纹的方向为 [001],即 c 轴方向,沿纤维条纹的方向为[100],即 a 轴方向。由图 4.19(a) 可

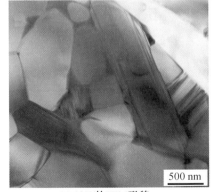

(a) 12H′的TEM形貌

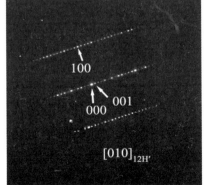

(b) ED [010]方向衍射花样

图 4.20 ScLu1010E2 陶瓷中长条状 12H′ 相的显微形貌及其电子衍射花样

以看到沿 c 轴方向的晶粒尺寸较小,只有 500 nm 左右,而沿 a 轴方向晶粒尺寸较大,超过 2.5 μm。说明 12H′相的主要生长方向为六方结构的 a 轴方向。

　　六方结构的 12H-AlN-多型体的晶格常数 $a=0.30$ nm, $c=3.27$ nm。[001]方向由二维反相畴周期性排列,因而形成 HREM 等宽条纹图像(图4.21)。该图中的数字 6 为多型体中各亚基块中包含的 AlN 层数。

图 4.21　12H 相的 HREM 照片

4.3.2　SiAlON/SiAlON 界面

　　2.4.10 节中观察到在相邻两个 α-SiAlON 晶粒之间通常存在很薄的非晶膜,通过 HREM 观察可以更清晰地加以确认。

　　图 4.22 显示了两个 Nd-α-SiAlON 晶粒间界面的 HREM 图像。晶粒 α_{I} 和 α_{II} 之间没有固定的取向关系,二者的点阵在界面处不是直接结合而是存在一个厚度约为 1.2 nm 的非晶玻璃膜,如图中箭头所示。在 Si_3N_4 基陶瓷的研究中,观察到这种非晶膜的存在较为普遍,而且理论研究也认为它是通过穿过晶界的范德瓦耳斯吸引力和多种排斥力的相互作用的平衡而存在的[20]。而且研究认为,这种非晶膜即使通过后期热处理也很难完全排除掉,因为玻璃膜在析晶过程中的体积变化引起的应力将会抑制玻璃膜的进一步析晶。

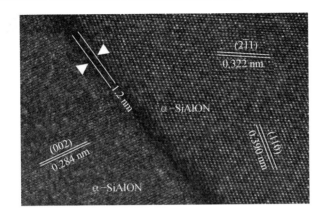

图 4.22 两个 Nd-α-SiAlON 晶粒间界面的 HREM 图像[3]

图 4.23 给出的 Sc/Lu1010E2 中 α-SiAlON 晶粒间界面的 HREM 图像中,两晶粒的晶格点阵直接结合,在晶界处没有观察到玻璃晶间相的存在。图 4.23(b)示出了相应的电子衍射花样,从中可以分离出两套斑点,如图 4.23(c)所示。花样标定显示,两 α-SiAlON 晶粒之间没有特定的晶体学取向关系。两个相邻 α-SiAlON 和 β-SiAlON 晶粒之间的界面的 HREM 示于图 4.24,可以看出两晶粒的相界面非常干净,没有任何非晶相产生。

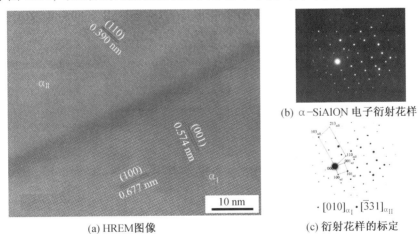

(a) HREM图像

(b) α-SiAlON 电子衍射花样

(c) 衍射花样的标定

图 4.23 Sc/Lu1010E2 中 α-SiAlON 晶粒间界面的 HREM 图像[19]

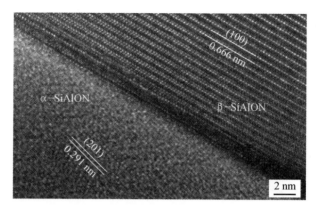

图 4.24　ScLu-α-SiAlON 陶瓷中 α-SiAlON 和 β-SiAlON 相界面的 HREM 图像

参考文献

［1］HWANG S L, CHEN I W. Nucleation and growth of β′-SiAlON［J］. J. Am. Ceram. Soc. , 1994, 77(7): 1719-1728.

［2］HWANG S L, CHEN I W. Nucleation and growth of α′-SiAlON on α-Si₃N₄［J］. J. Am. Ceram. Soc. , 1994, 77(7): 1711-1718.

［3］刘春凤. 稀土添加剂的类型对 α-SiAlON 陶瓷组织与性能的影响 ［D］. 哈尔滨:哈尔滨工业大学, 2007.

［4］LIU C F, YE F, ZHOU Y, et al. Microstructure of different rare-earth-doped α-SiAlON ceramics［J］. Key Eng. Mater. , 2007, 336-338: 1182-1184.

［5］XIU C F, YE F, ZHOU Y, et al. Investigation on the microstructure of self-reinforced Ni-α-SiAlON ceramics［J］. Ceramic International. , 2008, 34(1):51-56.

［6］XU F F, WEN S L, NORDBERG L O, et al. Nucleation and growth of the elongated α′-SiAlON［J］. J. Eur. Ceram. Soc. , 1997, 17(13): 1631-1638.

［7］MIYAZAKI H, JONES M I, HIRAO K. Concentration gradient of solute Ions within α-SiAlON grains［J］. Mater. Lett. , 2005, 59(1): 44-47.

［8］TURNBULDL, VONNEGAT R. Effect of lattice disregistry on crystalliza-tion of metal［J］. Engineering Chemistry, 1952, 44: 1292-1295.

［9］BRAMFITT L. Planar lattice disregistry theory and its application on heterogistry nuclei of metal[J]. Met. Trams. ,1970, 1: 1987-1990.

[10] GERMAN R M. Liquid Phase Sintering[M]. New York:Plenum Press, 1985: 127-155.

[11] SATET R L, HOFFMANN M J, CANNON R M. Experimental evidence of the impact of rare earth elements on particle growth and mechanical behavior of silicon nitride[J]. Mater. Sci. Eng. A. , 2006, 422: 66-76.

[12] ZIEGLER A, IDROBO J C, CINIBULK M K. Interface structure and atomic bonding characteristics in silicon nitride ceramics[J]. Science, 2004, 306: 1768-1770.

[13] SHIBATA N, PENNYCOOK S J, GOSNELL T R. Observation of rare-earth segration in silicon nitride ceramics at subnanometre dimensions[J]. Nature, 2004, 428: 730-732.

[14] 刘利盟. Si_3N_4基陶瓷材料的微结构控制及其力学性能的优化[D]. 哈尔滨:哈尔滨工业大学, 2007.

[15]MENON M,CHEN I W. Reaction densification of $\alpha'-SiAlON$: I Wetting behavior and acid-base reactions [J]. J. Am. Ceram. Soc. , 1995, 78(3): 545-552.

[16] ROSENFLANZ A, CHEN I W. Kinetics of phase transformations in SiAlON ceramics: I effects of cation size, composition and temperature [J]. J. Eur. Ceram. Soc. , 1999, 19(13-14): 2325-2335.

[17] YE F, HOFFMANN M J, HOLZER S, et al. Effect of the amount of additives and post-heat treatment on the microstructure and mechanical properties of yttrium$-\alpha-SiAlON$ ceramics[J]. J. Am. Ceram. Soc. , 2003, 86(12): 2136-2142.

[18] WANG P L, ZHANG C, SUN W Y, et al. Formation behavior of multi-cation $\alpha-SiAlONs$ containing calcium and magnesium[J]. Mater. Lett. , 1999, 38(3): 178-185.

[19] LIU C F, YE F, LIU L M, et al. High-temperature strength and oxidation behavior of Sc^{3+}/Lu^{3+} co-doped $\alpha-SiAlON$[J]. Scripta Materialia, 2009, 60: 929-932.

[20] CLARKE D R. On the equilibrium thickness of intergranular glass phases in ceramic materials[J]. J. Am. Ceram. Soc. , 1987, 70: 15-22.

第5章 新型自韧化 BAS/α-SiAlON 复合材料

BaSi₂Al₂O₈(BAS)作为一种钡铝硅氧化物玻璃,在较低温度下能够形成液相,既能使材料致密,又能获得高熔点(1 760 ℃)及良好稳定性的 BAS 晶化相。本章将介绍采用 BAS 替代过量的稀土氧化物作为添加剂制备 α-SiAlON 陶瓷;从传统的热压烧结到新型等离子烧结(SPS)制备技术的变化、稀土稳定剂的类型变化、BAS 含量的变化等方面对新型自韧化 α-SiAlON陶瓷进行了阐述。

5.1 BAS/α-SiAlON 复合材料的显微组织与力学性能

5.1.1 致密化与相组成

采用 1 200 ℃/2 h-1 500 ℃/1 h-1 800 ℃/1 h 三步热压烧结法合成 5% BASRE-α-SiAlON 陶瓷复合材料,简称为 RES 或 RE-SiAlON。研究发现,5% BAS 的加入增加了液相含量,促进热压烧结过程中的晶粒重排,因此所有材料都能获得大于 99.5% 的致密度。不同稀土掺杂 5% BAS-α-SiAlON(m=n=1)陶瓷均以 α-SiAlON 为主晶相,同时,实现了材料制备过程中 BAS 的完全晶化,且 BAS 以六方和单斜相两种形态存在(图 5.1)[1]。这是由于少量溶解在 BAS 中的稀土元素促进了 BAS 六方→单斜转变[2]。

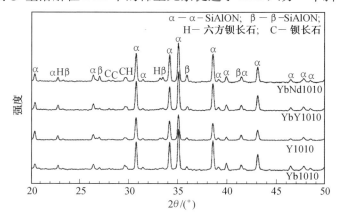

图 5.1　5% BAS/RE1010(RE=Y、Yb、YbY 和 YbNd)材料的 XRD 结果

5.1.2 α-SiAlON 晶粒形貌与显微组织

不同稀土掺杂的 5% BAS/α-SiAlON 复合材料均获得灰色棒状 α-SiAlON组织,同时含有少量黑色 β-SiAlON。某些尺寸较大的 α-SiAlON 晶内存有 α-Si$_3$N$_4$晶核,白色 BAS 分布均匀。而对于欠液相的 $m=n=1$ 成分的 Yb-材料,SiAlON 成核率大,众多晶核相互挤压而获得等轴组织,即使加入过量2%的 Fe$_2$O$_3$(参见第 2 章)。5% BAS 的加入则有效地促进了棒状 α-SiAlON 晶粒的生长,Yb-α-SiAlON 陶瓷也获得了棒晶组织(见图 5.2 和图5.3)。图5.4 为 5% BAS/Y-α-SiAlON 复合材料的 TEM 照片,进一步揭示了棒状 α-SiAlON 组织的形貌及 BAS 的完全晶化形成钡长石。

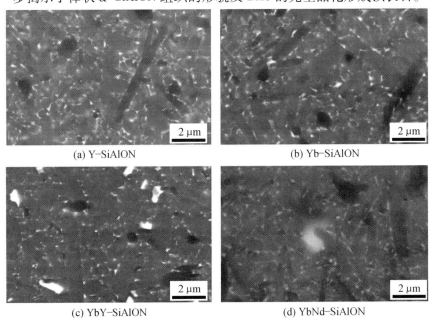

(a) Y–SiAlON   (b) Yb–SiAlON

(c) YbY–SiAlON   (d) YbNd–SiAlON

图 5.2 不同稀土掺杂的 5% BAS/α-SiAlON 复合材料的 SEM 背散射电子像

稀土类型对 SiAlON 晶粒直径的影响:具有较低原子序数的轻稀土降低 α-SiAlON 晶粒的生长速度,主要是降低了直径方向的长大速度,而对长度方向的长大速度影响很小。与 Y-SiAlON 相比,Yb-SiAlON 的平均直径增加3.9%,长径比减小 17.7%;YbY-SiAlON 晶粒的平均直径和长径比是 YbNd-SiAlON 的115% 和86.6%。

SiAlON 晶粒的平均体积以及 100 μm^{3}体积内 SiAlON 晶粒总量统计结果反映,搭配离子半径小的稀土 Yb、Y 最有利于 SiAlON 晶粒的长大;相反,搭配离子半径大的稀土 Nd,SiAlON 晶粒的生长速度最慢,晶粒平均体

(a) Y-SiAlON
(b) Yb-SiAlON

(c) YbY-SiAlON
(d) YbNd-SiAlON

图 5.3　不同稀土掺杂的 5% BAS/α-SiAlON 复合材料的深腐蚀 SEM 照片

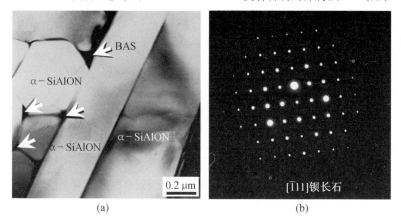

(a)
(b)

图 5.4　5% BAS/Y-α-SiAlON 复合材料的 TEM 照片

积比 YbY-SiAlON 小 25.5%。从单位体积中 SiAlON 晶粒数量来看，NdYb-SiAlON成核密度最高；而YbY-SiAlON成核密度最低。

5.1.3　BAS/α-SiAlON 复合材料的力学性能

稀土类型对硬度、弯曲强度和断裂韧性的影响是由于稀土类型影响

α-SiAlON反应动力学,致使 SiAlON/BAS 物相构成中 α-SiAlON、β-SiAlON 相对含量不同。原子序数较大的重稀土掺杂增加了 α-SiAlON 含量,因此具有较高的维氏硬度。原子序数较小的轻稀土掺杂增加了 β-SiAlON 含量,维氏硬度略为降低。α-SiAlON、β-SiAlON 相对含量的改变对弹性模量影响不大。

表 5.1　5% BAS/α-SiAlON 复合材料的室温力学性能[1]

材料	维氏硬度/GPa	杨氏模量/GPa	弯曲强度/MPa	断裂韧性/(MPa·m$^{1/2}$)
Yb5-HP	20.5±0.3	303±15	574±50	6.3±0.6
Y5-HP	19.5±0.2	301±11	586±33	6.2±0.4
YbY5-HP	20.4±0.3	299±12	581±41	6.5±0.6
YbNd5-HP	18.9±0.1	300±13	599±39	6.2±0.45

SiAlON/BAS 陶瓷强度和韧性较高且稳定,说明 α-SiAlON 棒晶是增强相主体而发挥强韧化作用[3],不完全依赖 β-SiAlON 含量的变化。SiAlON晶粒直径及长径比的不同对断裂韧性无明显影响。稀土对断裂形态影响不明显(图 5.5),所有断口表面都很粗糙,留有大量的棒晶和拔出

(a) Y-SiAlON　　　　　　　　　　(b) Yb-SiAlON

(c) YbY-SiAlON　　　　　　　　　(d) YbNd-SiAlON

图 5.5　不同稀土掺杂的 5% BAS/α-SiAlON 复合材料的室温弯曲断口[1]

的孔洞等痕迹,并由此产生较大的波折起伏,充分体现了断裂过程中裂纹尖端与棒晶的强烈交互作用。晶粒拔出和裂纹偏转是最主要的韧化机制。几乎所有棒状晶粒发生了折断,说明它们在传递和承受载荷等强化作用中得以充分发挥。

5.2　热处理对 BAS/α-SiAlON 复合材料显微组织与力学性能的影响

5.2.1　热处理对致密度及 SiAlON 化学成分的影响

与热处理前相比,材料的密度未发生明显改变。但 β-SiAlON 含量降低到 5% 以下,减少幅度与稀土类型有关:Y-SiAlON 陶瓷中 β-SiAlON 含量减少 65.4%;YbNd-SiAlON 减少幅度为 60.0%;而 Yb-SiAlON 陶瓷降幅为 21.7%。α-SiAlON 的反应速度与稀土原子半径有关,半径大的稀土掺杂的 SiAlON 生成速度慢。

热处理前后 α-SiAlON 和 β-SiAlON 化学式 $RE_{m/3}Si_{12-(m+n)}Al_{m+n}O_nN_{16-n}$ 和 $Si_{6-z}Al_zO_zN_{8-z}$ 中的 m 和 z 数值及 SiAlON 晶胞参数见表 5.2。可见热处理后 α-SiAlON 的晶胞体积略微增大,这可能是伴随 β-SiAlON ⟶ α-SiAlON 转变,α-SiAlON 成分发生了变化而更加趋于平衡。受 α-β 两相平衡的化学成分制约,热处理结束后剩余的 β-SiAlON 的晶胞体积比热处理前也有所增加。

表 5.2　热处理前后 α-SiAlON 和 β-SiAlON 化学式 $RE_{m/3}Si_{12-(m+n)}Al_{m+n}O_nN_{16-n}$ 和 $Si_{6-z}Al_zO_zN_{8-z}$ 中的 m 和 z 数值及 SiAlON 晶胞参数[1]

陶瓷	相成分(质量分数)			α-SiAlON			β-SiAlON		
	α	β	BAS	a_α/nm	c_α/nm	x	a_β/nm	c_β/nm	z
Y5-HP	86.9	8.1	5	0.780 0	0.568 0	0.341	0.762 7	0.292 4	0.751
Yb5-HP	90.4	4.6	5	0.779 9	0.568 0	0.340	0.762 3	0.292 2	0.653
YbY5-HP	89.5	5.5	5	0.779 9	0.568 0	0.340	0.761 5	0.292 1	0.490
YbNd5-HP	85.2	9.8	5	0.780 0	0.568 0	0.341	0.762 7	0.292 2	0.712
Y5-HT	92.2	2.8	5	0.780 8	0.568 7	0.390	0.761 1	0.295 4	1.071
Yb5-HT	92.4	2.6	5	0.780 8	0.567 8	0.390	0.763 6	0.295 0	1.413
YbY5-HT	91.7	3.3	5	0.780 8	0.569 0	0.398	0.761 1	0.293 6	0.842
YbNd5-HT	91.1	3.9	5	0.780 8	0.568 7	0.390	0.762 7	0.292 4	0.751

β-SiAlON 溶解表现为直径迅速减小并由此使得长径比增加,YbNd-SiAlON 材料中 β 溶解细化现象最为明显。热处理后 α-SiAlON 晶胞体积略微增大。

5.2.2 热处理对显微组织的影响

热处理后,5% BAS/α-SiAlON 复合材料仍由 α-SiAlON、BAS 以及中间相 β-SiAlON 构成。BAS 均匀分布在三角晶界和 SiAlON 晶粒之间。α-SiAlON 大晶粒内部的 α-Si$_3$N$_4$ 晶核没有因热处理而消失。

α-SiAlON 晶粒的奥斯瓦尔德熟化借助大小晶粒的平衡浓度差提供驱动力,小晶粒持续溶解而平均晶粒直径有不同程度的增加。5% BAS/α-SiAlON 复合材料热处理后的 SEM 组织照片如图 5.6 所示,较热处理前(图 5.3),长棒状晶粒数目显著增多,晶粒变得更加粗大。Yb-SiAlON 平均直径增加幅度为 29.9%;而 YbNd-SiAlON 平均直径增加幅度仅为 14.4%,可能是 Nd 原子在晶粒表面富聚,影响 SiAlON 构成元素的传质和沉积所致。Yb 与 Y 搭配并没有增加热处理过程中 α-SiAlON 晶粒的径向生长速度,由 BAS 提供的液相以及稀土在 SiAlON 界面吸附可能是造成直径增加速

(a) Y-SiAlON (b) Yb-SiAlON

(c) YbY-SiAlON (d) YbNd-SiAlON

图 5.6 5% BAS/α-SiAlON 复合材料热处理后的 SEM 组织照片[1]

度缓慢的原因。Y-SiAlON、YbNd-SiAlON 长径比分别减小 8.1% 和 15.8%；Yb-SiAlON、YbY-SiAlON 长径比分别增加 12.6% 和 10.6%。

　　α-SiAlON 晶粒热处理长大所需的原料来源有 α-SiAlON 小晶粒溶解和 β-SiAlON 溶解两个渠道。Y-SiAlON、Yb-SiAlON、YbY-SiAlON 以 α-SiAlON 小晶粒溶解为主而 YbNd-SiAlON 以 β-SiAlON 溶解为主。SiAlON 晶粒随热处理的长大是 a 轴、c 轴方向的同时长大，c 轴延伸速度大于 a 轴，二者相差数倍，正好是 SiAlON 晶粒的长径比。单位体积内 YbNd-SiAlON 晶粒数量为 Yb-SiAlON 的 2.12 倍，但长径比无明显减小，可见长径比与成核率关系不大，必须考虑稀土的作用。

5.2.3　热处理对 BAS/α-SiAlON 复合材料力学性能的影响

　　通过热处理可以实现该陶瓷材料的力学性能优化。随 β-SiAlON 含量的降低，SiAlON/BAS 陶瓷的维氏硬度增加到 20 GPa 以上；弯曲强度和断裂韧性均有提高，最高值分别达 605 MPa 和 7.0 MPa·m$^{1/2}$（表 5.3）。

表 5.3　5% BAS/α-SiAlON 复合材料的室温力学性能（热处理后）[1]

材料	维氏硬度/GPa	杨氏模量/GPa	弯曲强度/MPa	断裂韧性/(MPa·m$^{1/2}$)
Yb5-HT	21.3±0.1	300±14	590±42	6.9±0.7
Y5-HT	20.9±0.2	302±11	575±47	7.0±0.7
YbY5-HT	21.1±0.2	299±17	583±53	6.8±0.6
YbNd5-HT	20.0±0.2	298±11	605±49	6.9±0.5

　　图 5.7 为热处理后 5% BAS/α-SiAlON 复合材料的室温弯曲断口形貌，揭示了 SiAlON 棒晶的界面脱开、拔出及桥连增韧机制。

　　α-SiAlON 晶粒与 BAS 之间界面结合理想，热处理促进了 α-SiAlON 的生长，从而能够促进断裂过程中裂纹的偏转与桥接、α-SiAlON 棒晶的拔出，使材料的韧性得到进一步提高。热处理在材料的韧性得到提高的同时，材料的强度并没有降低，说明获得的自韧化 α-SiAlON 组织能有效地实现载荷的传递效应。

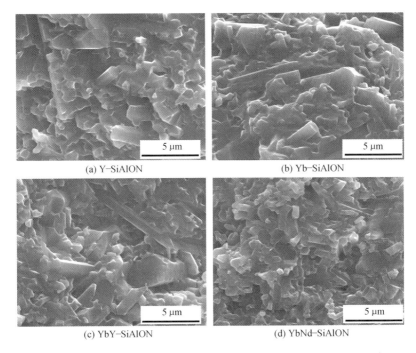

(a) Y-SiAlON   (b) Yb-SiAlON

(c) YbY-SiAlON   (d) YbNd-SiAlON

图 5.7 热处理后 5% BAS/α-SiAlON 复合材料的室温弯曲断口形貌

5.3 BAS 含量对 BAS/α-SiAlON 复合材料显微组织与力学性能的影响

5.3.1 致密化及相组成

经两步热压(1 500 ℃/1 h+1 800 ℃/1 h)烧结后,5% BAS/Y-α-SiAlON 和 10% BAS/Y-两种复合材料均获得全致密。两种复合材料均以 α-SiAlON 为主晶相,同时含有晶化的六方和单斜 BAS 晶相及少量的 β-SiAlON,体现了 BAS 优异的晶化性能。热处理(1 800 ℃,1 h)可进一步促进 α-SiAlON 的形成,BAS/Y-α-SiAlON 复合材料的相组成见表 5.4。

表 5.4 BAS/Y-α-SiAlON 复合材料的相组成[4]

材 料	相含量
5% BAS/Y-α-SiAlON,HP	α′(84%),β′(16%),六方钡长石,钡长石
10% BAS/Y-α-SiAlON,HP	α′(67%),β′(33%),六方钡长石,钡长石
5% BAS/Y-α-SiAlON,HT	α′(95%),β′(5%),六方钡长石,钡长石
10% BAS/Y-α-SiAlON,HT	α′(93%),β′(8%),六方钡长石,钡长石

5.3.2　BAS 含量对 Y–SiAlON 显微结构的影响

　　BAS 玻璃陶瓷的加入,促进了 Y-α-SiAlON 棒晶的生长,且呈典型双模式组织特性,如图 5.8 和图 5.9 所示。表明 BAS 有利于晶粒的各向异性生长。随着 BAS 含量的增加及后续热处理,棒状 α-SiAlON 晶粒数量增多、长径比增大,后续热处理可进一步促进棒状 α-SiAlON 晶粒的生长。BAS 含量的提高可使得烧结及热处理过程中液相含量增多。过渡液相的增加可加速体系内的溶解-扩散过程,有利于 α-SiAlON 晶粒的长大[5,6]。

(a) 5 %BAS,HP   (b) 5 % BAS,HT

(c) 10 %BAS,HP   (d) 10 %BAS,HT

图 5.8　BAS/Y-α-SiAlON 复合材料热处理前后的 SEM 组织照片[4]

5.3.3　BAS 含量对 Y-α-SiAlON 力学性能的影响

　　不同 BAS 含量 Y-α-SiAlON/BAS 陶瓷的室温力学性能列于表 5.5。随着 BAS 含量的增加,材料的韧性和抗弯强度升高,主要是由于长棒状 α-SiAlON晶粒及其长径比增加引起的,且高长径比的 β-SiAlON 相对含量的增加也对材料力学性能的提高起到了一定的作用;相反,材料的硬度则由于 β-SiAlON 相含量的增加而下降。

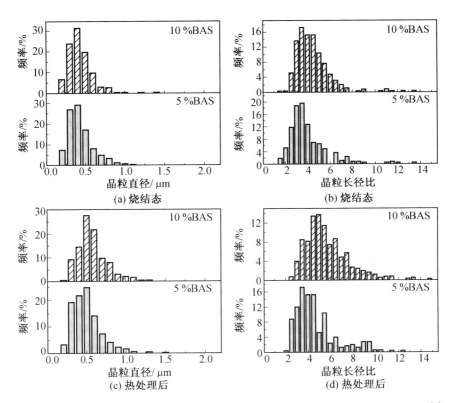

图 5.9 BAS/α-SiAlON 复合材料热处理前后 α-SiAlON 晶粒的直径与长径比统计分布[4]

表 5.5 Y-α-SiAlON/BAS 陶瓷的室温力学性能[4]

材　料	维氏硬度 /GPa	断裂韧性 /(MPa·m^{1/2})	强度/MPa
Y-α-SiAlON/5% BAS, HP	18.2 ±0.2	5.1 ±0.2	505 ±25
Y-α-SiAlON/10% BAS, HP	17.8 ±0.2	6.3 ±0.2	608 ±22
Y-α-SiAlON/5% BAS, HT	19.2 ±0.1	5.8 ±0.2	576 ±25
Y-α-SiAlON/10% BAS, HT	18.9 ±0.2	7.2 ±0.3	634 ±32

图 5.10 给出了 10% BAS/Y-α-SiAlON 复合材料的断口形貌及压痕裂纹扩展路径,可以看出,裂纹沿棒状 α-SiAlON 晶粒的偏转以及 α-SiAlON 与 β-SiAlON 晶粒的桥接作用而实现了 Y-α-SiAlON 陶瓷的原位增韧。

总之,热处理能够使 SiAlON/BAS 陶瓷材料中的 β 相含量进一步降低,α-SiAlON 晶粒的奥斯瓦尔德熟化是 a、c 轴方向的同时长大。热处理后材料的维氏硬度、弯曲强度和断裂韧性均有提高。

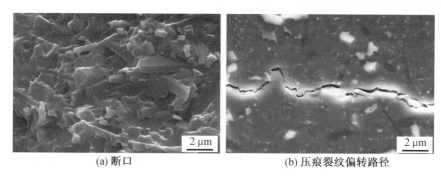

(a) 断口　　　　　　　　　　　　　(b) 压痕裂纹偏转路径

图 5.10　10% BAS/Y-α-SiAlON 复合材料的断口和压痕裂纹扩展路径[4]

　　添加晶种诱导显微组织中 α-SiAlON 棒晶生长仅局限于这些外加晶种的继续生长,在数量上占很小的比例,其他来自于 α-Si₃N₄成核、过饱和溶液均匀成核的晶粒形貌,而与外加晶种无关。过分强调外加晶种的作用不可能实现显微结构优化。添加 BAS 创造稳定的液相烧结环境,α-SiAlON 棒晶在显微组织中占优势,说明烧结液相以及它的性质对于 α-SiAlON 晶粒的生长行为具有决定性的影响。

　　图 5.11 为 10% BAS/Y-α-SiAlON 复合材料热处理后的高温抗弯强度,可见 BAS/α-SiAlON 复合材料具有优异的高温力学性能,其优异的室温强度可维持到 1 400 ℃,这无疑归结于 BAS 对棒状 α-SiAlON 晶粒生长的促进作用和其优异的晶化特性。对于 Si₃N₄ 基陶瓷来说,其高温性能主要由晶间相的结构及化学成分决定[7]。

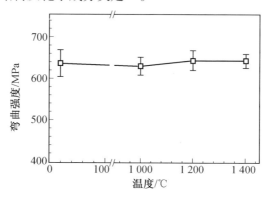

图 5.11　10% BAS/Y-α-SiAlON 复合材料热处理后的高温抗弯强度[4]

5.4 稀土类型对 BAS/α-SiAlON 复合材料显微组织与力学性能的影响

5.4.1 稀土类型对物相组成的影响

采用 100 ℃/min 的升温速率,在温度为 1 800 ℃下保温 5 min,SPS 烧结单一或复合稀土离子(Y^{3+}、Yb^{3+}、Lu^{3+}、Y^{3+}/Yb^{3+}、Y^{3+}/Lu^{3+})稳定的 α-SiAlON 材料,均以 α-SiAlON 相为主相,还含有少量的 β-SiAlON 和 BAS 相,材料已完全晶化(图 5.12)。材料中含有少量的 β-SiAlON,这可能是由于少量的稀土氧化物 RE_2O_3 溶解于助烧剂 BAS 中,导致试样的成分稍微偏离原设计成分而造成的。

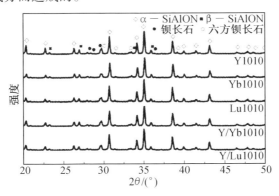

图 5.12 RE1010-5BAS 的 XRD 图谱[8]

根据 XRD 图谱中 α-SiAlON(102)、(210)衍射线和 β-SiAlON(101)、(210)衍射线的强度,计算材料中 α-SiAlON 和 β-SiAlON 相的含量,见表 5.6。主相均为 α-SiAlON 相,含有少于 10% 的 β-SiAlON。其中掺杂 Lu^{3+} 的 α-SiAlON 中含 β-SiAlON 相的量相对较少,可能是因为 Lu_2O_3 熔点较高,烧结过程中能够溶解于 BAS 相的量比较少,所以形成了较多的 α-SiAlON 相。

表 5.6　5% BAS/RE-α-SiAlON 的相含量[8]

材料	相的质量分数/%		
	α-SiAlON	β-SiAlON	其他相
Y1010-5BAS	92	8	BAS
Yb1010-5BAS	93	7	BAS
Lu1010-5BAS	90	10	BAS
Y/Yb1010-5BAS	94	6	BAS
Y/Lu1010-5BAS	91	9	BAS

5.4.2　稀土类型对显微组织的影响

不同稀土离子掺杂的 5 种 RE1010-5BASSiAlON 陶瓷均以细小的长棒状 α-SiAlON 晶粒为基体,分布有少量 β-SiAlON 长晶粒。在含稀土离子 Y 的材料中,还发现 BAS 相聚集成块分布的现象。说明 BAS 的添加不仅促进了陶瓷的致密化,还促进长棒状 α-SiAlON 晶粒的生长。相比较,Y/Yb1010-5BAS 材料中的晶粒较其他四种材料更细长,如图 5.13 所示。对材料的晶粒尺寸进行统计分析,所研究的材料的晶粒长度呈现典型的双峰分布。长棒状晶粒和双模式组织的形成将有利于改善材料的力学性能,BAS 玻璃相的晶化将有利于改善材料的高温力学性能。精细结构分析,可见长棒状的 α-SiAlON 晶粒相互交结,少量的 BAS 相分布于三角晶界处,呈现较深衬度。对 BAS 相进行电子衍射分析(图 5.14(c)),BAS 相为六方结构,晶带轴为 $[1\bar{2}\bar{1}0]$,表明 BAS 相全部晶化。

5.4.3　稀土类型对力学性能的影响

5 种材料都是以 α-SiAlON 相作为主晶相,因此保持了 α-SiAlON 的本征高硬度,均在 18 GPa 以上。添加 5% 的 BAS 助烧剂使材料中 α-SiAlON 晶粒形成长棒状晶粒,这能有效地提高材料的断裂韧性,均为 5.4 ~ 6.2 MPa·m$^{1/2}$(图 5.15)。

试样的断口很粗糙,有大量露头的拔出晶粒与晶粒拔出后留下的孔洞。α-SiAlON 晶粒为长棒状时,能有效地通过晶粒的拔出与裂纹桥连偏

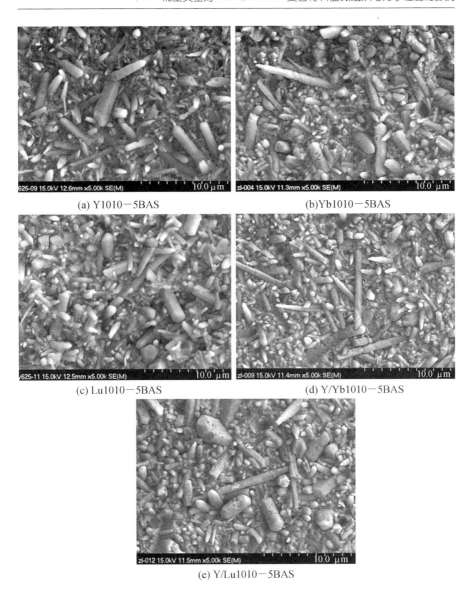

(a) Y1010－5BAS

(b)Yb1010－5BAS

(c) Lu1010－5BAS

(d) Y/Yb1010－5BAS

(e) Y/Lu1010－5BAS

图 5.13　RE1010-5BASSiAlON 的腐蚀表面的 SEM 图像

转机制实现材料的韧化。当裂纹扩展遇到长棒状 α-SiAlON 晶粒时,裂纹受阻,欲使裂纹继续扩展必须提高外加应力。随着外加应力水平的提高,α-SiAlON晶粒与基体界面解离,晶粒被拔出。断裂过程中主裂纹还会沿自生增强体断裂位置的不同发生裂纹转向,这些都会使裂纹扩展阻力增加,从而使韧性显著提高。

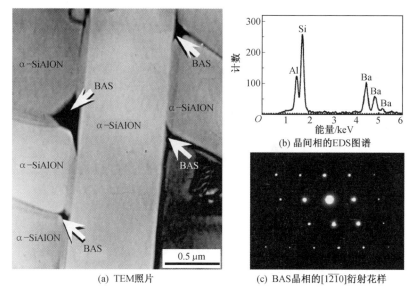

(a) TEM 照片　　(c) BAS 晶相的[1̄2̄10]衍射花样

图 5.14　SPS 制备 Y1010–5BAS 的 TEM 典型形貌及晶间相成分[9]

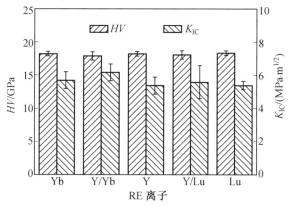

图 5.15　RE1010–5BAS 的力学性能与掺杂稀土离子的关系

5.5　BAS/α–SiAlON 复合材料的 SPS 烧结及组织演变

5.5.1　SPS 烧结致密化及 α–SiAlON 反应过程

1. SPS 快速致密化过程及机理

以 5% BAS/Y–α–SiAlON 材料为例,采用 SPS 技术,100 ℃/ min 升温速率下 Y–SiAlON 的烧结致密化 1 200 ℃开始 1 600 ℃结束。整个致密化

过程在 4 min 内完成。约 750 ℃、约 950 ℃、约 1 250 ℃和约 1 400 ℃ 4 个拐点分别对应 Ba_2CO_3 的分解温度、BAS 共晶点、Y_2O_3-SiO_2-Al_2O_3 共晶反应、氮化物被液相润湿及溶解 Y-Al-Si-O-N 体系共晶点时开始形成含氮液相。不同液相的形成时间仅相差 2~3 min，说明液相处于非平衡状态，因而促进材料的快速致密。其致密化曲线如图 5.16 所示。

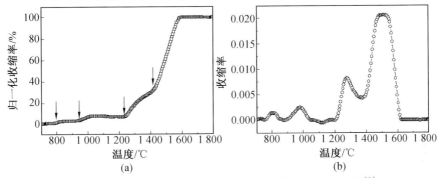

图 5.16 5% BAS/Y-α-SiAlON 复合材料的 SPS 烧结曲线[9]

2. α-SiAlON 快速相转变

α-Si_3N_4→α-SiAlON 相转变滞后于材料的致密化。1 500 ℃试样中的主相仍为 α-Si_3N_4，只有少量的 α-SiAlON 生成；1 600 ℃生成 27% α-SiAlON；1 700 ℃时已有大量的 α-SiAlON 生成，但仍剩余 9% 未反应的 α-Si_3N_4；只有到 1 800 ℃，α-Si_3N_4→α-SiAlON 转变才完全。各个温度下合成的 Y-SiAlON/BAS 试样中，BAS 均实现了晶化，均含有少量的 β-SiAlON。1 800 ℃ SPS 烧结 5 min，材料达到了相平衡，如图 5.17 所示。

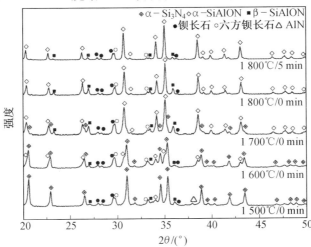

图 5.17 不同温度及保温时间下 SPS 制备的 5% BAS/Y-α-SiAlON 的 XRD 图谱[9]

3. SPS 烧结温度对 α-SiAlON 晶粒形貌的影响

在较高温度下,以 BAS 为烧结助剂进行 SPS 烧结,有利于 α-SiAlON 晶粒的各向异性生长。SPS 烧结 1 700 ℃/0 min 合成的试样中有少量未反应的 α-Si₃N₄,而 α-SiAlON 晶粒呈现等轴状,晶粒比较细小;1 800 ℃/5 min 合成的材料中,α-Si₃N₄ 相向 α-SiAlON 相完全转变,并生成了大量的长棒状 α-SiAlON 晶粒(图 5.18)。材料的韧性随着烧结温度的提高而增加,见表 5.7。

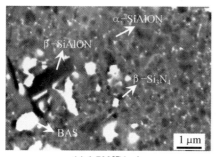

(a) 1 700℃/ min　　　　　　(b) 1 800℃/5 mim

图 5.18　温度对 5% BAS/Y-α-SiAlON 复合材料显微组织的影响[9]

表 5.7　不同 SPS 烧结工艺下 5% BAS/Y-α-SiAlON 复合材料的相组成及力学性能

烧结条件	相含量	α-SiAlON 晶粒形貌	维氏硬度 /GPa	断裂韧性 /(MPa·m$^{1/2}$)
SPS 1 500 ℃, 0 min	α′(14%), β′(9%), α(77%), H, C AlN	等轴晶	—	—
SPS 1 600 ℃, 0 min	α′(27%), β′(10%), α(63%), H, C	等轴晶	18.9 ±0.1	3.2 ±0.2
SPS 1 700 ℃, 0 min	α′(73%), β′(18%), α(9%), H, C	等轴晶	18.7 ±0.2	4.0 ±0.2
SPS 1 800 ℃, 0 min	α′(88%), β′(12%), H, C	长棒晶	18.4 ±0.2	5.2 ±0.1
SPS 1 800 ℃, 5 min	α′(94%), β′(6%), H, C	长棒晶	19.2 ±0.1	6.8 ±0.3
HP 1 900 ℃, 1 h	α′(93%), β′(7%), H, C	长棒晶	18.9 ±0.1	6.0 ±0.3

注:*α′—α-SiAlON,β′—β′-SiAlON,α—α-Si₃N₄,H—六方钡长石,C—钡长石

4. 升温速率对稀土离子在 α–SiAlON 中溶解度的影响

改变 SPS 升温速率为 100 ℃ 和 150 ℃／min 对物相组成无明显影响，两种材料中均含三种晶相，主相为 α–SiAlON，还有少量 β–SiAlON 和 BAS 相（图 5.19）。α–SiAlON 相的晶格常数及稀土在 α–SiAlON 相的溶解度计算结果显示（表 5.8），降低升温速率，有利于稀土离子固溶入 α–SiAlON 的结构，稀土溶解度增大。

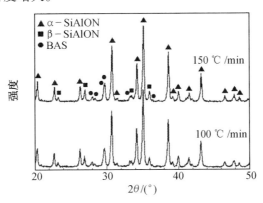

图 5.19　1 800 ℃ 不同升温速率 SPS 制备的 5% BAS/Y–α–SiAlON
复合材料的 XRD 图谱

表 5.8　1 800 ℃ 不同升温速率 SPS 制备 Y/Yb1010–5BAS α–SiAlON 相的晶格常数

升温速率	α–SiAlON 相晶格常数		
	a/nm	c/nm	溶解度 x
100 ℃/min	0.780 9(2)	0.568 5(7)	0.39
150 ℃/min	0.779 7(7)	0.567 7(9)	0.33

参考文献

[1] 刘利盟. Si₃N₄基陶瓷材料的微结构控制及其力学性能的优化［D］. 哈尔滨：哈尔滨工业大学，2007.

[2] LEE K T, ASWATH P B. Role of mineralizers on the hexacelsian to celsian transformation in the barium aluminosilicate system［J］. Materials Science and Engineering A. , 2003, 352：1-7.

[3] BECHER P F, HWANG S L, HSUEH C H. Using microstructure to attack the brittle nature of silicon nitride ceramics［J］. MRS Bulletine,

1995，20：21-27.

[4] YE F, LIU L M, ZHANG H J, et al. Refractory self-reinforced Y−α−SiAlON with barium aluminosilicate glass ceramic addition[J]. Mater. Sci. Eng. A. , 2008, 488：352-357.

[5] PENG H, SHEN Z J, NYGREN M. Formation of in situ reinforced microstructures in α−SiAlON ceramics：part Ⅱ　In the presence of a liquid phase[J]. J. Mater. Res. , 2002, 17(5)：1136-1142.

[6] KURAMA S, HERRMANN M, MANDAL H. The effect of processing conditions, amount of additives and composition on the microstructures and mechanical properties of α−SiAlON ceramics[J]. J. Eur. Ceram. Soc. , 2002, 22(1)：109-119.

[7] KLEEBE H J, PEZZOTTI G, ZIEGLER G. Microstructure and fracture toughness of Si_3N_4 ceramics：combined roles of grain morphology and secondary phase chemisty[J]. J. Am. Ceram. Soc. , 1999, 82：1857-1867.

[8] YE F, ZHANG L, LIU C F, et al. Thermal shock resistance of in situ toughened α−SiAlONs with barium aluminosilicate as an additive sintered by SPS[J]. Mater. Sci. Eng. A, 2010, 527(23)：6368-6371.

[9] YE F, ZHANG L, ZHANG H J, et al. Rapid densification and reaction sequences in self-reinforced Y−α−SiAlON ceramics with barium aluminosilicate as an additive[J]. Mater. Sci. Eng. A, 2009, 527：287-291.

第6章　新型复相(α+β)–SiAlON/BAS复合材料

复相 SiAlON 陶瓷即使不添加助烧剂也可实现全致密,但是显微组织中的 α-SiAlON 晶粒一般为等轴形状,其显微组织及力学性能有进一步改善和提高的余地。以 10% BAS 为助烧剂,采用热压烧结法合成具有棒状 α-SiAlON 及 β-SiAlON 组织的复相(α+β)–SiAlON/BAS 复合材料,使 α/β-SiAlON 材料的性能得到进一步提高,为 SiAlON 材料的研究开辟了新的方向。

6.1 (α+β)–SiAlON/BAS 复合材料的合成

选取 α-SiAlON 相平面上名义成分 $n = 1$, $m = 0.1$、$m = 0.4$ 的 RE-SiAlON(RE = Dy、Y、Yb)为研究对象,采用 10% BAS 作为助烧剂,本章中简称为 RE0110 和 RE0410。根据杠杆定律,α 相的平衡质量分数分别为 10% 和 40%。以溶胶-凝胶法合成的高纯超细的非晶态 BAS 粉末、Si_3N_4、AlN、Al_2O_3 和稀土氧化物为原料,经过 1 800 ℃/80 min 热压,所有材料都完全致密,抛光表面的 SEM 观察未看到孔洞等缺陷。材料只含有 α-SiAlON、β-SiAlON、单斜及六方 BAS(图 6.1)。可能由于部分稀土离子溶入 BAS 中,RE0110 和 RE0410 材料中 α-SiAlON 质量分数分别为 7% ~ 9% 和 36% ~ 39%,略低于设计含量(见表 6.1)。Yb^{3+} 掺杂的 SiAlON 陶瓷中,α-SiAlON 含量略高,这与其离子半径有关。α-SiAlON 的形成驱动力

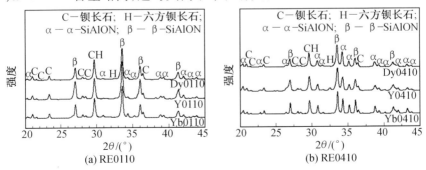

图 6.1 (α+β)–SiAlON/10% BAS 复合材料的 XRD 图谱[1]

依赖于稳定离子的半径,随离子半径减小而增大[3,4]。BAS 在冷却过程中完全晶化,生成了钡长石和六方钡长石相,钡长石出现与掺杂 Y_2O_3 有关。在 Si_3N_4/BAS 复合材料中,BAS 则完成生成六方钡长石相[5-7]。

根据 SiAlON 晶胞常数与成分之间的关系得到陶瓷材料中 α-SiAlON 与 β-SiAlON 化学式的 m 与 z 值。其中,$m/3$ 数值与 α-SiAlON 平面的边界成分一致,β-SiAlON 化学式 z 值为 $0.53 \sim 0.58$(表 6.1)。

表 6.1　(α+β)-SiAlON/10% BAS 复合材料的成分及相组成[1,2]

材料	设计成分 $RE_{m/3}Si_{12-(m+n)}Al_{m+n}O_nN_{16-n}$		BAS 的质量分数/%	$m/3$	z	致密度/%	相的质量分数/%		
	m	n					α	β	其他相
Dy0110	0.1	1	10	0.336	0.546	99.5	8	92	BAS
Dy0410	0.4	1	10	0.346	0.560	99.7	38	62	BAS
Y0101	0.1	1	10	0.345	0.588	99.6	7	93	BAS
Y0410	0.4	1	10	0.372	0.574	99.8	36	64	BAS
Yb0110	0.1	1	10	0.333	0.530	99.7	9	91	BAS
Yb0410	0.4	1	10	0.333	0.551	99.9	39	61	BAS

6.2　(α+β)-SiAlON/BAS 复合材料的显微组织

BAS 为棒晶生长提供了稳定的液相条件,通过降低 SiAlON 反应的驱动力,间接地增加了单晶粒沿长度方向生长的机会。图 6.2 为(α+β)-SiAlON/10% BAS 复合材料的 SEM 显微组织,依据相构成元素的原子序数差异可知,复合材料由黑色的 β-SiAlON、灰色的 α-SiAlON 和白色的 BAS 组成。通常使用过量烧结助剂制备的传统(α+β)-SiAlON 中 β-SiAlON 晶粒的最大长径比在 10 左右[8],而(α+β)-SiAlON/10% BAS 复合材料中 α-SiAlON 与 β-SiAlON 晶粒形貌均呈现高长径比的棒状晶,其中 β 相尤为显著,其长径比高达 30,而掺杂的稀土类型对 SiAlON 晶粒的形貌及尺寸影响不大,说明 10% BAS 的加入,能提供足够多的低黏度液相,不仅能进一步促进 β-SiAlON 的各向异性生长,还能形成 α-SiAlON 棒晶。晶粒具有异常高长径比的类似现象在 Si_3N_4/BAS 复合材料中已有体现[9]。这种双自韧化组织必将有利于(α+β)-SiAlON 力学性能的进一步提高。

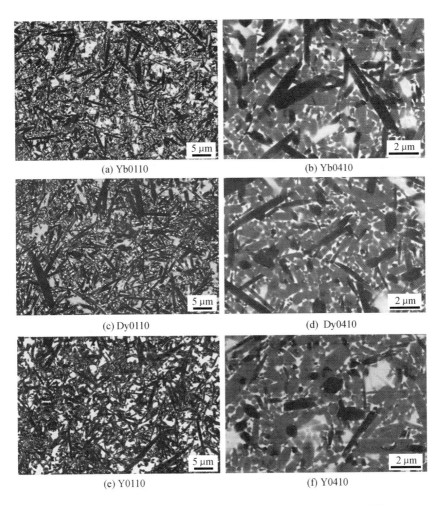

(a) Yb0110

(b) Yb0410

(c) Dy0110

(d) Dy0410

(e) Y0110

(f) Y0410

图 6.2　（α+β）-SiAlON/10% BAS 复合材料的 SEM 显微组织[1]

6.3　（α+β）-SiAlON/BAS 复合材料的力学性能与强韧化机理

6.3.1　（α+β）-SiAlON/BAS 复合材料的力学性能

　　（α+β）-SiAlON/BAS 复合材料的维氏硬度和弹性模量皆遵循混合定律。成分为 RE0110 的复合材料的维氏硬度与 β-Si_3N_4 陶瓷或 β-SiAlON 陶瓷相当，而 RE0410 成分中 α 相质量分数提高到 40%，硬度随之由

RE0110 的 16.5 GPa 增加到 17.5 GPa 以上。α–SiAlON 与 β–SiAlON 陶瓷的弹性模量相差不大，二者的相对含量改变对陶瓷材料弹性模量影响不大。但 BAS 的弹性模量仅为 α–SiAlON 与 β–SiAlON 的 20%，导致（α+β）–SiAlON/BAS 复合材料的弹性模量低于传统复相（α+β）–SiAlON 陶瓷。

传统的（α+β）–SiAlON 复相陶瓷通常是由长棒状的 β–SiAlON 和等轴状的 α–SiAlON 构成，其弯曲强度与断裂韧性随着 α–SiAlON 含量的增加而降低，当 α–SiAlON 相质量分数为 30% ~ 50% 时，断裂韧性通常为 5 ~ 6 MPa·m$^{1/2}$ [8,10-12]。在（α+β）–SiAlON 复相陶瓷中加入 10% BAS 后，β–SiAlON 晶粒异常长大，而且 α–SiAlON 晶粒也演变成棒晶，这些均弥补了低强度 BAS 作为晶间相产生的负面影响，（α+β）–SiAlON/BAS 复合材料的强度和断裂韧性分别为 681 ~ 699 MPa 和 6.6 ~ 8.2 MPa·m$^{1/2}$，已达到中高韧性 β–SiAlON 陶瓷的水平，详见表 6.2。

表 6.2　（α+β）–SiAlON/10% BAS **复合材料的力学性能**[1]

材料	维氏硬度/GPa	杨氏模量/GPa	弯曲强度/MPa	断裂韧性/（MPa·m$^{1/2}$）
Yb0110	16.4±0.3	273±13	681±36	7.5±0.3
Yb0410	17.8±0.4	270±15	639±35	6.6±0.5
Dy0110	16.2±0.3	273±13	692±21	8.2±0.3
Dy0410	17.5±0.3	271±12	674±37	7.0±0.5
Y0110	16.5±0.3	269±14	699±30	7.6±0.6
Y0410	17.8±0.3	271±13	668±34	6.8±0.2

6.3.2　强韧化机理

陶瓷基复合材料主要依靠高强度增强体的载荷传递效应来提高强度。α–SiAlON 和 β–SiAlON 单晶强度与 Si$_3$N$_4$ 晶须强度相当。假设晶须以最理想的分布状态全部垂直于裂纹面分布于陶瓷材料中，晶须对裂纹扩展的阻碍作用与晶须长径比有关，只有大于临界长径比的晶须才能被折断而达到最大强化效果。Becher[13] 估算临界长径比超过 30 时晶须对陶瓷材料的增强效果可与长纤维相媲美。但（α+β）–SiAlON 复相陶瓷中 α–SiAlON 与 β–SiAlON 晶粒的长径比与此结论相差甚远，而且 α–SiAlON 与 β–SiAlON 晶粒的空间随机取向进一步减弱了强化效果。

增加 α–SiAlON 与 β–SiAlON 晶粒长径比可以有效提高 SiAlON 棒晶与裂纹交互作用的概率，进而提高陶瓷材料的强度。含量较高的

β-SiAlON相提高了载荷传递效果及承载能力,因此RE0110复合材料的弯曲强度略高于RE0410陶瓷材料。但双相陶瓷中α-SiAlON棒晶的同时形成,可大大削弱α-SiAlON与β-SiAlON的相对含量对（α+β）-SiAlON双相陶瓷材料力学性能的影响。此外,强度较低的BAS相在双相复合材料中对强度的贡献可以归为晶界的作用,而裂纹沿晶界扩展阻力不高于BAS(100 MPa)强度,这主要是因为裂纹倾向于沿着材料内的薄弱环节扩展,若BAS与SiAlON晶粒的结合力低于BAS强度,裂纹将使界面脱开而扩展,否则裂纹将在晶界相BAS内部扩展。

图6.3和6.4分别为（α+β）-SiAlON/10% BAS复合材料的弯曲断口形貌与压痕裂纹扩展路径,清晰地揭示了α-SiAlON棒晶与高长径比

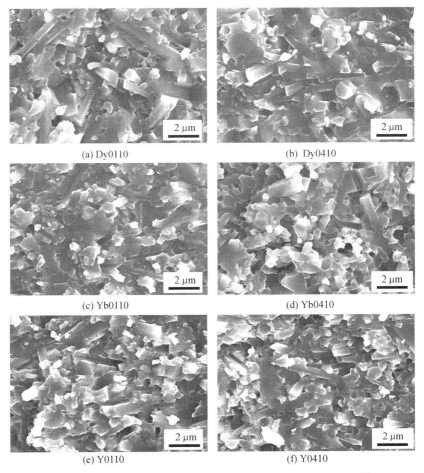

(a) Dy0110   (b) Dy0410

(c) Yb0110   (d) Yb0410

(e) Y0110   (f) Y0410

图6.3 （α+β）-SiAlON/10% BAS复合材料的弯曲断口形貌[1]

β–SiAlON晶粒一样,强烈地阻碍裂纹的扩展,其主要的韧化机制为裂纹的偏转与桥联、SiAlON 棒晶的拔出。但各韧化机制在不同陶瓷材料的增韧贡献大小不同,拔出和桥联对断裂韧性提高的贡献与增强体晶粒(棒状SiAlON晶粒)的直径平方根成正比;而 SiAlON 晶粒与周围晶间相的结合强度和稀土的类型以及晶间相类型有关,界面脱开难易程度影响棒晶的拔出长度。

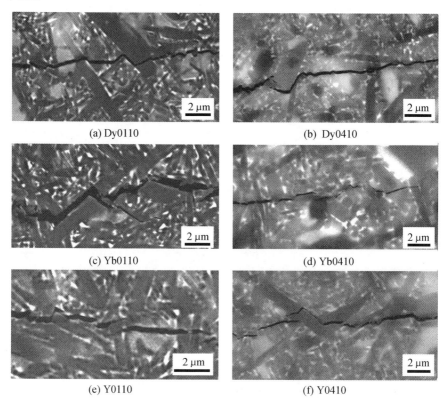

(a) Dy0110　　　　　　　　　(b) Dy0410

(c) Yb0110　　　　　　　　　(d) Yb0410

(e) Y0110　　　　　　　　　(f) Y0410

图6.4　(α+β)–SiAlON/10% BAS 复合材料的压痕裂纹扩展路径[1]

参考文献

[1] YE F,LIU L M, ZHANG H J, et al. Novel mixed α/β–SiAlONs with both elongated α and β grains[J]. Scripta Materialia, 2009, 60: 471-474.

[2] 刘利盟. Si₃N₄基陶瓷材料的微结构控制及其力学性能的优化[D]. 哈尔滨:哈尔滨工业大学, 2007.

[3] ROSENFLANZ A, CHEN I W. Kinetics of phase transformations in SiAlON ceramics: I Effects of cation size, composition and temperature [J]. J. Eur. Ceram. Soc., 1999, 19(13-14): 2325-2335.

[4] CAMUSCU N, THOMPSON D P, MANDAL H. Effect of starting composition, type of rare earth sintering additive and amount of liquid phase on $\alpha \rightleftharpoons \beta$ SiAlON transformation[J]. J. Eur. Ceram. Soc., 1997, 17(4): 599-613.

[5] RICHARDSON K K. Barium A luminosilicate reinforced in situ with silicon nitride[J]. Journal of the American Ceramic Society, 1995, 78(10): 2662-2668.

[6] YU F, WHITE K W. Relationship between microstrure and mechanical performance of silicon nitride barium aluminum silicate self-reinforced ceramic composites[J]. Journal of the American Ceramic Society, 2001, 84: 1-5.

[7] QUANDER S W, BANDY A, ASWATH P B. Synthesis and properties of in situ Si_3N_4 –reinforced $BaO-Al_2O_3-SiO_2$ ceramic matrix composites[J]. Journal Materials Science, 1997, 32: 2021-2029.

[8] KLEMM H, HERRMANN M, REICH T, et al. High-temperature properties of mixed α/β –SiAlON materials[J]. J. Am. Ceram. Soc., 1998, 81(5): 1141-1148.

[9] YE F, LIU L M, ZHANG J, et al. Synthesis of silicon nitride-barium aluminosilicate self-reinforced ceramic composite by a two-step pressureless sintering[J]. Comp. Sci. Tech., 2005, 65(14): 2233-2239.

[10] EKSTROM T, FALK L K L, SHEN Z. Duplex α, β –SiAlON ceramics stabilized by dysprosium and samarium[J]. J. Am. Ceram. Soc., 1997, 80(2): 301–312.

[11] CAO G Z, METSELAAR R, ZIEGLER G. Relation between composition and microstructure of sialons[J]. J. Eur. Ceram. Soc., 1993, 11: 115-122.

[12] SHEU T S. Microstructure and mechanical properties of the in–situ $\beta-Si_3N_4/\alpha'$ –SiAlON composite[J]. J. Am. Ceram. Soc., 1994, 77(9): 2345-2353.

[13] BECHERP F. Microstructure design of thoughened ceramics [J]. J. Am. Ceram. Soc., 1991, 74(2): 255-269.

第7章 α-SiAlON 的热稳定性

自韧化 α-SiAlON 陶瓷通常存在织构热稳定性问题,使用大尺寸稀土阳离子掺杂的 α-SiAlON 陶瓷在 1 300 ~ 1 600 ℃将发生α-SiAlON向 β-SiAlON 的相转变,从而影响材料的性能[1-4]。选用尺寸较小的稀土稳定剂,α-SiAlON 陶瓷的热稳定性得到改善,未发生物相的转变,但在某一温度下,晶粒形貌发生了变化,棒晶退化为等轴晶,陶瓷的力学性能受到影响,可见自韧化 α-SiAlON 陶瓷的微结构热稳定性对于可靠应用至关重要。当陶瓷成分变化,内部有 β-SiAlON 相生成时,即 α/β-SiAlON 双相陶瓷时,热稳定性也发生相应变化。因此本章介绍了不同成分及不同添加剂含量的热等静压态(HIPed)Y-SiAlON 陶瓷的热稳定性。

7.1 α/β-SiAlON 复相陶瓷的热稳定性

7.1.1 相组成与微观组织演变

根据 α-SiAlON 的通式 $Y_x Si_{12-(m+n)} Al_{(m+n)} O_n N_{16-n}$,设计 $m = 0.2$、$m = 0.4$、$m = 0.6$、$m = 0.8$、$m = 1$ 以及 $n = 1$ 等一系列成分的 Y-α-SiAlON 陶瓷,分别简称为 Y0210E2、Y0410E2、Y0610E2、Y0810E2、Y1010E2。当 $m = 1$ 时,材料完全由 α-SiAlON 相组成,随着 m 值增大,α-SiAlON 相的含量逐渐增加(图 7.1),β 相含量逐渐减少;α-SiAlON 和 β-SiAlON 相的晶胞尺寸也略有增加(图 7.2)。

对不同 α-SiAlON 含量的 Y-α/β-SiAlON 材料进行热处理,热处理温度对相质量分数及 α-SiAlON 溶解度的影响如图 7.3 所示。从图中可以看出,1 500 ℃左右是关键温度区间,将 Y-α/β-SiAlON 陶瓷在 1 500 ℃热处理10 h,导致 α-SiAlON 相含量略有降低,β-SiAlON 含量增加;而且α-SiAlON相的固溶度也略有下降(图 7.4(b)),同时伴随少量 Y-M′相生成(图 7.4(a)),这可能是由于热处理过程中液相与 α-SiAlON 和 β-SiAlON 相之间发生了化学反应以补偿烧结态材料中玻璃相与 Y-M′的成分差异。

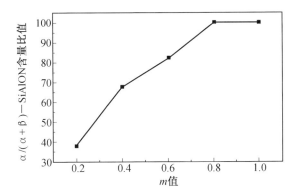

图 7.1 热等静压烧结的 Y-SiAlON 陶瓷中 α/(α+β)-
SiAlON 含量比值随 m 值变化曲线[5]

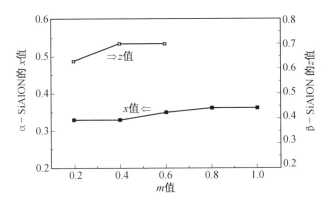

图 7.2 热等静压烧结的 Y-SiAlON 陶瓷中 α-SiAlON 的 x
值与 β-SiAlON 的 z 值[5]

对于 Y-α-SiAlON(Y1010E2)陶瓷,经过 1 500 ℃/10 h 热处理也同样生成了少量的 Y-M′相,但没有检测到 β-SiAlON 相的衍射峰(图 7.3(b)),说明 Y-α-SiAlON 在该热处理条件下具有较好的热稳定性,没有发生α-SiAlON→β-SiAlON 的转变。

在 1 500 ℃条件下延长热处理时间到 74 h,Y-α/β-SiAlON 陶瓷进一步发生了 α-SiAlON 向 β-SiAlON 的少量转变(图 7.5),但 α-SiAlON 相的成分基本保持不变,而 β-SiAlON 相的固溶度 z 值则逐渐下降(图 7.6)。

对于 Y-α-SiAlON 陶瓷,延长热处理时间仍然没有发生上述的α-SiAlON向 β-SiAlON 的转变。虽然 Y-α-SiAlON 陶瓷中 Y-M′(RE$_2$Si$_{3-x}$Al$_x$O$_{3+x}$N$_{4-x}$)相含量略有增加,但 α-SiAlON 的相成分基本没有变化,说明Y-M′相的形成主要是由于残余玻璃晶间相的晶化。当 Y-α-SiAlON 陶瓷

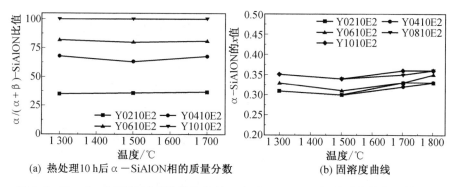

(a) 热处理10 h后 α−SiAlON相的质量分数

(b) 固溶度曲线

图 7.3 Y-α/β-SiAlON 不同温度热处理 10 h 后 α-SiAlON 相的质量分数及其固溶度曲线[5]

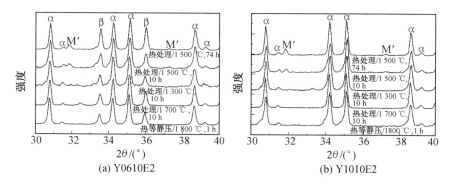

(a) Y0610E2

(b) Y1010E2

图 7.4 Y-SiAlON 陶瓷热处理前后的物相组成[5]

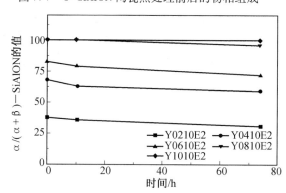

图 7.5 Y-α/β-SiAlON 在 1 500 ℃热处理 10~74 h 相含量变化曲线[5]

根据化学计量成分制备,即使经过 1 450 ℃热处理 30 天,也不会有 Y-M′ 相生成[6]。因此,热处理后 Y-α-SiAlON 陶瓷中形成的 Y-M′ 相主要是由

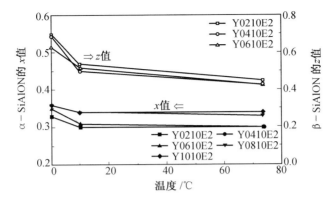

图 7.6   Y-α/β-SiAlON 陶瓷 1 500 ℃ 热处理 10 ~ 74 h 后
α-SiAlON 相的固溶度 x 与 β-SiAlON 相的 z 值变化曲线[5]

于在初始成分中加入了过量的稀土 Y_2O_3，它为 Y-M′相的形成提供了稀土
元素 Y。

上述分析说明稀土 Y_2O_3 稳定的 α-SiAlON 陶瓷具有很高的热稳定性。
α-SiAlON 相的成分调整可能是在热处理过程中发生了如下的化学反应：

$$α_1 + 晶间液相 \longrightarrow α_2 + M′$$

式中 $α_2$——比 $α_1$ 固溶度 x 低的 α-SiAlON 相，原因是 Y-M′相形成时需
要从液相和 α-SiAlON 中摄取稀土元素 Y。

表 7.1 为 Y-SiAlON 陶瓷的相组成与晶格参数。

表 7.1   Y-SiAlON 陶瓷的相组成与晶格参数[5]

陶瓷	相成分(质量分数)			α-SiAlON			β-SiAlON		
	α	β	其他	$a_α$/nm	$c_α$/nm	x	$a_β$/nm	$c_β$/nm	z
热等静压 1 800 ℃，1 h									
Y0210E2	38	62		0.779 7	0.567 8	0.33	0.762 2	0.292 3	0.63
Y0410E2	68	32		0.779 9	0.567 7	0.33	0.762 5	0.292 4	0.70
Y0610E2	82	18		0.779 9	0.568 1	0.35	0.762 5	0.292 4	0.70
Y0810E2	100	vw *		0.780 3	0.568 1	0.36			
Y1010E2	100	0		0.780 3	0.568 3	0.36			
热处理 1 700 ℃，10 h									
Y0210E2	37	63		0.779 6	0.567 8	0.33	0.761 8	0.292 1	0.53

续表 7.1

陶瓷	相成分（质量分数）			α-SiAlON			β-SiAlON		
	α	β	其他	a_α/nm	c_α/nm	x	a_β/nm	c_β/nm	z
Y0410E2	68	32		0.779 5	0.567 6	0.32	0.761 8	0.292 1	0.53
Y0610E2	81	19		0.779 7	0.567 7	0.33	0.761 9	0.292 0	0.52
Y0810E2	100	vw		0.780 0	0.568 0	0.35			
Y1010E2	100	0		0.780 3	0.568 4	0.36			

热处理 1 300 ℃，10 h

陶瓷	相成分（质量分数）			α-SiAlON			β-SiAlON		
Y0210E2	35	65		0.779 2	0.567 5	0.31	0.761 9	0.292 0	0.52
Y0410E2	68	32		0.779 6	0.567 3	0.31	0.762 2	0.291 6	0.57
Y0610E2	82	18		0.779 7	0.568 0	0.33	0.762 3	0.292 1	0.61
Y0810E2	100	vw		0.780 1	0.567 9	0.35			
Y1010E2	100	0		0.780 0	0.568 1	0.35			

热处理 1 500 ℃，10 h

陶瓷	相成分（质量分数）			α-SiAlON			β-SiAlON		
Y0210E2	36	64		0.779 1	0.567 4	0.30	0.761 8	0.292 0	0.51
Y0410E2	63	37		0.779 4	0.567 2	0.30	0.761 9	0.292 1	0.54
Y0610E2	80	20	M′(vw)	0.779 2	0.567 8	0.31	0.761 9	0.291 9	0.50
Y0810E2	100	vw	M′(vw)	0.780 0	0.567 9	0.34			
Y1010E2	100	0	M′(vw)	0.779 8	0.568 0	0.34			

热处理 1 500 ℃，74 h

陶瓷	相成分（质量分数）			α-SiAlON			β-SiAlON		
Y0210E2	31	69		0.779 1	0.567 6	0.30	0.761 6	0.291 8	0.41
Y0410E2	59	41		0.779 3	0.567 3	0.30	0.761 7	0.291 8	0.45
Y0610E2	72	28	M′	0.779 2	0.567 3	0.30	0.761 6	0.291 9	0.45
Y0810E2	96	4	M′	0.779 8	0.567 7	0.33			
Y1010E2	100	0	M′	0.779 9	0.568 0	0.34			

注：* vw—峰非常弱

Y-SiAlON 陶瓷经 1 800 ℃/1 h 热等静压后的微观组织(背散射电子像)如图 7.7 所示。β-SiAlON 不含稀土,呈现黑色针状;α-SiAlON 为灰色等轴状;晶间相因为较多的稀土而呈现亮白色。随着成分设计中 m 值增大,β-SiAlON 相减少,α-SiAlON 相逐渐由等轴状向长棒状演变。

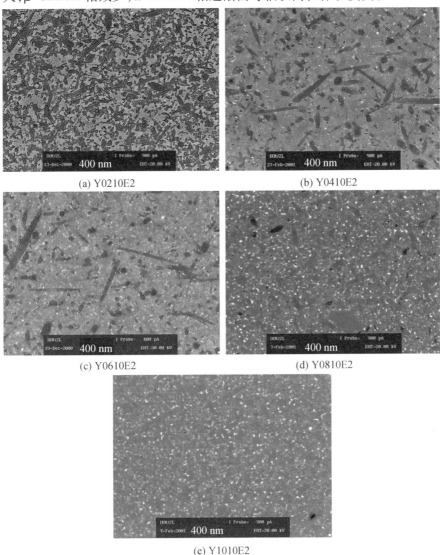

(a) Y0210E2

(b) Y0410E2

(c) Y0610E2

(d) Y0810E2

(e) Y1010E2

图 7.7　Y-SiAlON 陶瓷经 1 800 ℃/1 h 热等静压后的微观组织照片(背散射电子像)[5]

同烧结态组织相比,Y-α/β-SiAlON 陶瓷 1 500 ℃热处理 10 h 后,双相 SiAlON 陶瓷的组织发生了粗化,而且 β-SiAlON 相的含量也略有增加(图 7.8(a),7.8(c),7.8(e))。进一步延长热处理时间至 74 h,它们的组织没有发生明显变化(图 7.8(b),7.8(d),7.8(f))。

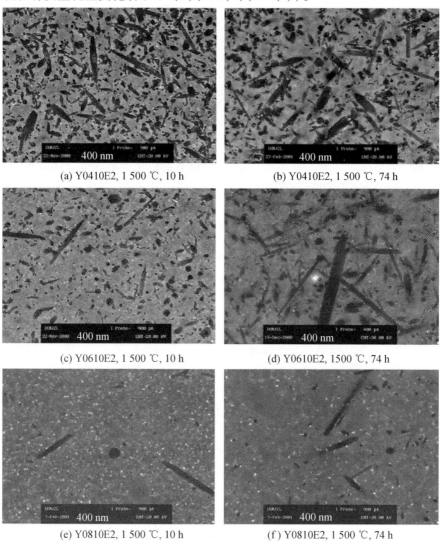

(a) Y0410E2, 1 500 ℃, 10 h 　　　　　(b) Y0410E2, 1 500 ℃, 74 h

(c) Y0610E2, 1 500 ℃, 10 h 　　　　　(d) Y0610E2, 1500 ℃, 74 h

(e) Y0810E2, 1 500 ℃, 10 h 　　　　　(f) Y0810E2, 1 500 ℃, 74 h

图 7.8　Y-α/β-SiAlON 陶瓷热处理后的 SEM 照片[5]

Y-α-SiAlON 陶瓷经过 1 500 ℃、74 h 热处理没有发生 α-SiAlON→β-SiAlON的相变,但它的 α-SiAlON 晶粒和晶间相的形貌却发生了明显变化(图 7.9)。经过 74 h 热处理后,长棒状 α-SiAlON 晶粒变成了等轴状。相邻 α-SiAlON 晶粒之间晶间相几乎全部消失,基体组织更加均匀,这进一步证实了热处理后 Y–M′ 的形成主要归因于晶间玻璃液相的析出。

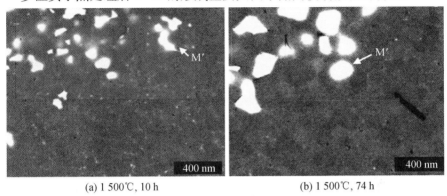

(a) 1 500℃, 10 h   (b) 1 500℃, 74 h

图 7.9　Y-α-SiAlON 陶瓷热处理后的 SEM 照片[5]

7.1.2　低温热处理对 α/β-SiAlON 复相陶瓷力学性能的影响

1 500 ℃ 热处理时延长时间,Y-SiAlON 陶瓷的硬度略有下降,这是热处理后 β-SiAlON 相的增加及 Y–M′ 相的形成导致的;对压痕断裂韧性没有明显的影响(图 7.10)。压痕裂纹扩展路径照片显示扩展裂纹沿着 α/β-SiAlON 的界面发生偏转(图 7.11(b))。

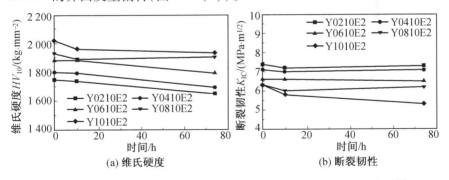

(a) 维氏硬度   (b) 断裂韧性

图 7.10　Y-SiAlON 陶瓷的力学性能随 1 500 ℃ 热处理时间变化曲线[5]

对于纯 Y-α-SiAlON(Y1010E2)陶瓷,随着 1 500 ℃ 热处理时间的延长,断裂韧性逐渐下降,这归因于材料中 α-SiAlON 晶粒形貌的变化。长时间热处理造成的等轴晶的形成无法实现烧结态长棒状组织在断裂过程中裂纹偏转、长棒状晶粒拔出、桥连等实现的韧化机制(图 7.11(e)、7.11(f))。

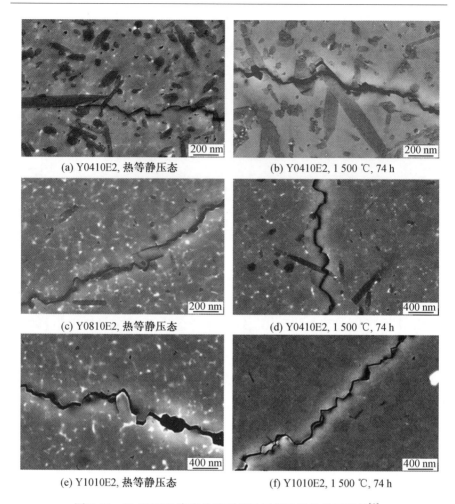

(a) Y0410E2, 热等静压态　　　　(b) Y0410E2, 1 500 ℃, 74 h

(c) Y0810E2, 热等静压态　　　　(d) Y0410E2, 1 500 ℃, 74 h

(e) Y1010E2, 热等静压态　　　　(f) Y1010E2, 1 500 ℃, 74 h

图 7.11　Y–SiAlON 陶瓷热处理前后压痕微裂纹扩展路径[5]

对于 Y0810E2 陶瓷,虽然 1 500 ℃热处理 74 h 后 α–SiAlON 晶粒的形貌也受到了很大的影响,但长时间的热处理引起的 β–SiAlON 相的增加补偿了 α–SiAlON 晶粒形貌变化引起的韧性下降,断裂过程中,裂纹仍可沿着长棒状 β–SiAlON 晶粒发生偏转,从而保证了材料的高韧性。

7.2　添加剂的含量对 α–SiAlON 热稳定性的影响

α–SiAlON 陶瓷中添加剂 Y_2O_3 额外添加的质量分数由 2% 增加到 5% 经 1 800 ℃/1 h 热等静压未改变 Y–α–SiAlON 陶瓷相组成,仅由 α–SiAlON

相构成(图7.12),但其固溶度较 Y1010E2 的 0.36 增加到 0.45(见表 7.1 和 7.2)。组织观察表明添加剂含量的增加促进了长棒状 α-SiAlON 晶粒长大,长棒状晶粒变得更加粗大,而且更多的晶间相生成,如图 7.13(a)和 7.13(b)所示。Hewett 等[8]人研究 Ca-α-SiAlON 时添加过量 CaO 发现了同样现象。

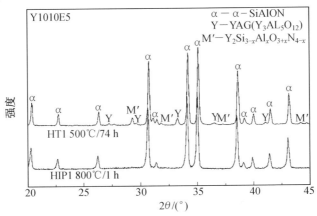

图 7.12　Y1010E5 陶瓷热处理前后的 XRD 图谱[7]

热处理对 Y1010E5 陶瓷组织的影响同 Y1010E2 陶瓷相似,在 1 300～1 900 ℃ 热处理过程中,α-SiAlON 相稳定存在,没有发生 α-SiAlON → β-SiAlON 的相转变,表 7.2 列出了热处理前后 Y1010E5 陶瓷的相组成及 α-SiAlON 相的晶格参数及固溶度。但经过 1 500 ℃ 保温 74 h 热处理后,陶瓷中除了 Y-M′相析出外,还有少量的 YAG 相生成(图 7.13),长棒状 α-SiAlON 也由最初的长棒状变成等轴状(图 7.13(c)和 7.13(d))。高温(1 900 ℃)下热处理 1 h 则明显促进了 α-SiAlON 晶粒的各向异性生长,如图 7.13(d)和 7.13(e)所示。

表 7.2　Y1010E5 样品的相组成与晶格参数

样品	相成分			α-SiAlON		
	α	β	其他相	a/nm	c/nm	x
热等静压态	100	0		0.782 0	0.569 2	0.45
热处理 1 500 ℃,74 h	100	0	M′,YAG	0.780 3	0.568 3	0.36
热处理 1 900 ℃,1 h	100	0				

注:α—α-SiAlON,β—β-SiAlON

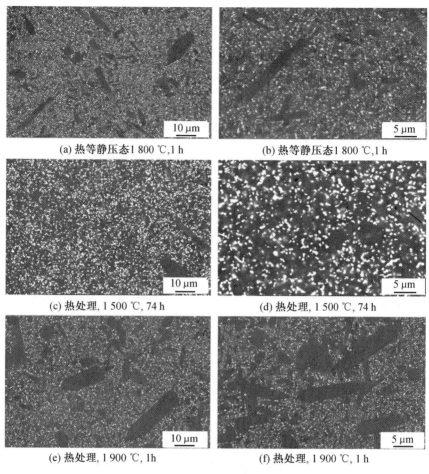

(a) 热等静压态 1 800 ℃,1 h　　　　　(b) 热等静压态 1 800 ℃,1 h

(c) 热处理, 1 500 ℃, 74 h　　　　　(d) 热处理, 1 500 ℃, 74 h

(e) 热处理, 1 900 ℃, 1h　　　　　(f) 热处理, 1 900 ℃, 1 h

图 7.13　Y1010E5 热处理前后 SEM 照片[7]

　　不同添加剂含量的 Y–α–SiAlON 陶瓷热处理前后力学性能见表 7.3。从表中可以看出烧结态 Y1010E5 的断裂韧性比 Y1010E2 高, 主要由于 Y1010E5 陶瓷的晶粒长径比更大。在较低温度下热处理后, 两种 Y–α–SiAlON 材料的断裂韧性均下降, 归因于 α–SiAlON 晶粒的形貌变化。经过高温 1 900 ℃热处理 1 h, Y1010E2 陶瓷的断裂韧性进一步提高, 因为高温热处理促进了大量的长棒状 α–SiAlON 生长(图 7.14(a))。1 900 ℃热处理 1 h 后的 Y1010E2 陶瓷压痕裂纹扩展路径图片显示断裂过程中, 裂纹总是沿着长棒状或等轴状晶粒扩展, 扩展路径曲折, 因而进一步提高了 Y1010E2 陶瓷的断裂韧性(图 7.14(b))。但令人意想不到的是 Y1010E5 陶瓷经过高温 1 900 ℃热处理 1 h 后, 其断裂韧性大大降低, 只有 3.5 MPa·$m^{1/2}$, 尽管它的微观组织形貌与同样状态下的 Y1010E2 陶瓷非常相似。Y1010E5 陶瓷的裂纹扩展路径清晰地揭示了高温热处理后断裂韧性与 Y1010E2 陶瓷产生巨大差异的原因。从图 7.15(e) 和图 7.15(f) 可以看出,裂纹扩展总是穿过长棒状晶粒,几乎没有裂纹偏转和桥连现象,因而导致 Y1010E5 陶瓷高温热处理后韧性较低,可能是由于很强的界面连接所致。

表 7.3　Y-α-SiAlON 陶瓷热处理前后的力学性能[7]

材料	工艺	硬度/(kg · mm^{-2})	断裂韧性/(MPa · m$^{1/2}$)
Y1010E2	热等静压态	2 021±52	6.0±0.1
	热处理 1 500 ℃ ,74 h	1 935±59	5.3±0.1
	热处理 1 900 ℃ ,1 h	1 912±38	6.9±0.3
Y1010E5	热等静压态	1 910±38	7.0±0.3
	热处理 1 500 ℃ ,74 h	1 865±53	5.0±0.2
	热处理 1 900 ℃ ,1 h	1 975±48	3.5±0.3

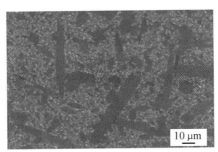

(a) 组织形貌

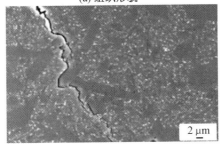

(b) 压痕裂纹扩展路径

图 7.14　Y1010E2 陶瓷 1 900 ℃热处理 1 h 后的组织形貌及压痕裂纹扩展路径[7]

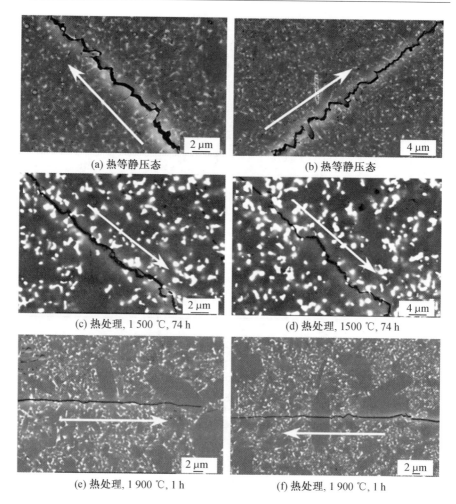

图 7.15 Y1010E5 压痕裂纹扩展路径 SEM 照片[7]

参考文献

[1] ROSENFLANZ A, CHEN I W. Phase relationships and stability of α-SiAlON[J]. J. Am. Ceram. Soc., 1992, 82: 1025-1036.

[2] SHEN Z J, EKSTRÖM T, NYGREN N. Homogeneity region and thermal stability of neodymium-doped α-SiAlON ceramic[J]. J. Am. Ceram. Soc., 1996, 79 (3): 721-732.

[3] EKSTR M T, KÄLL P O, NYGREN M, et al. Dense single-phase

β-SiAlON ceramics by glass-encapsulated hot isostatic pressing[J]. J. Mater. Sci. , 1989, 24: 1853-1861.

[4] NORBERG L O, NYGREN M. Stability and oxidation properties of Re-α-SiAlON ceramics[J]. J. Am. Ceram. Soc. , 1998, 81: 1461-1470.

[5] YE F, HOFFMANN M J, HOLZER S, et al. Microstructural development of Y-α/β-SiAlONs after post heat-treatment and its effect on mechanical properties[J]. Ceram. Int. , 2004, 30(2): 229-238.

[6] FALK L K L, SHEN Z, EKSTROM T. Microstructural stability of duplex α-β-SiAlON ceramics[J]. J. Eur. Ceram. Soc. , 1997(17): 1099-1112.

[7] YE F, HOFFMANN M J, HOLZER S, et al. Effect of the amount of additives and post-heat treatment on the microstructure and mechanical properties of Yttrium-α-SiAlON ceramics[J]. J. Am. Ceram. Soc. , 2003, 86(12): 2136-2142.

[8] HEWETT C L, CHENG Y B, MUDDLE B C. Phase relationships and related microstructural observations in the Ca-Si-Al-O-N system[J]. J. Am. Ceram. Soc. , 1998, 81(7): 1781-1788.

第 8 章　α-SiAlON 陶瓷的光学性能

α-SiAlON 陶瓷不仅是一种性能优异的结构材料,还是一种具有良好透光性能的功能材料,添加不同稀土元素的 α-SiAlON 陶瓷呈现五彩缤纷的颜色,当样品厚度为 0.5 ~ 1.0 mm 时能够清晰地映出下方的文字,同现有的一些光学陶瓷材料相比,α-SiAlON 陶瓷在力学、抗载荷冲击、抗摩擦能力、耐高温、抗热震以及宽泛的颜色范围等众多方面呈现优势,具有极大的潜在价值。受自身微观组织控制,其光学性能同样受到稀土类型、成分及烧结工艺的影响。

8.1　稀土类型对 α-SiAlON 陶瓷透光性能的影响

陶瓷材料的气孔率是影响其透光性能的因素之一,对于致密度 99% 以上的 α-SiAlON 陶瓷来说,气孔对光能量的散射吸收很少,可不考虑。但掺杂不同类型的稀土离子较大,引起 SiAlON 晶格常数和显微组织差异,产生不同的光吸收和散射效应,进而对 α-SiAlON 材料在紫外–可见–近红外光波段的光学性能产生影响。

8.1.1　物相及显微组织

通过对 Y-α-SiAlON、Dy-α-SiAlON、Yb-α-SiAlON(RE1010E2) 三种陶瓷进行的详细阐述可知,三者都是由单一的 α-SiAlON 相组成的,而在 Lu-α-SiAlON 中还有少量的晶间相 J′($Lu_4Si_{2-x}Al_xO_{7+x}N_{2-x}$)。

Yb-α-SiAlON 为等轴晶(参见图 2.11),Y^{3+}、Dy^{3+}、Lu^{3+} 能促进长棒状 α-SiAlON 晶粒的生长。α-SiAlON 晶粒排列紧密,三角晶界和两晶粒之间存在少量晶间相,如图 8.1 中箭头所示。

8.1.2　透光和吸收谱

α-SiAlON 陶瓷的透光率在小于 400 nm 和大于 5 000 nm 两个波段截止,在 400 ~ 5 000 nm 的范围内有一定的透光能力,透光率表现出随波长的增加而增大的趋势,最大透过率都出现在中红外波段。根据第一性原理的

(a) Dy1010E2　　　　　　(b) Lu1010E2

图 8.1　α-SiAlON 陶瓷显微组织的 TEM 图片[1,2]

计算结果[3]，α-SiAlON 陶瓷的禁带宽度为 5.5 eV，因此禁带宽度为 239 nm。由于热压渗碳污染，折损了 239 ~ 400 nm 紫外区的透光率。总的来说，Y-α-SiAlON、Yb-α-SiAlON 和 Dy-SiAlON 对短波长光线的吸收和散射增大，在 200 ~ 500 nm 紫外-可见波段出现了不同程度的截止。只有Lu-α-SiAlON在紫外光区有 4% 的透过率，在 200 ~ 300 nm 波段达到 5%（图 8.2）。

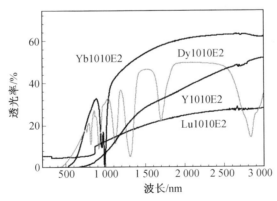

图 8.2　RE-α-SiAlON 的透光率曲线

具有等轴组织的 Yb-α-SiAlON，晶间相含量较少，散射中心较少，透光性能达到 63.5%（2 600 nm 透光）；Lu-α-SiAlON 晶间相含量高，长棒状的 α-SiAlON 晶粒容易产生双折射，严重的光散射导致其最大透光率只有 27%；Y-α-SiAlON 和 Dy-SiAlON 陶瓷在 1 000 ~ 3 000 nm 红外波段透光率在 60% 左右，介于中间。

Y^{3+}和 Lu^{3+}的最外层电子层全充满,不会发生电子的能级跃迁,因此无光谱吸收现象,但在 Lu1010E2 样品透光率曲线中,在 860 nm 波段出现一个跳跃现象,这是测量时在 860 nm 有一个转换光源的过程,从而产生的透光率波动。Yb^{3+}最外层电子 4f$^{(13)}$有两个能级,基态 2F$_{7/2}$和激发态 2F$_{5/2}$在红外光照下,发生 2F$_{7/2}$→2F$_{5/2}$的电子能级跃迁,吸收 982 nm 波长光子的能量。因此,Y-α-SiAlON 样品的透光率在 982 nm 波段产生一个较强的吸收峰。但 Dy^{3+}分裂能级多,在不同波长的照射下,吸收不同波长的红外光的能量,产生 f→f 和 5d→4f 的跃迁[3],因此有多个吸收峰。

透过厚度为 0.8 mm 的 Dy-α-SiAlON 样品(图 8.3),能清晰地看到置于其下方的文字,表明在可见光波段有良好的透光率。可见光作用下的 5d→4f 跃迁使 Dy-α-SiAlON 呈现黄色[4]。

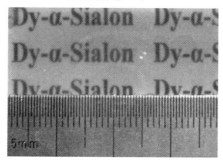

图 8.3 Dy-α-SiAlON 样品实物照片(厚度为 0.80 mm)[1]

8.1.3 反射谱

在稀土掺杂的 α-SiAlON 陶瓷中,稀土元素离子会进入 Si$_3$N$_4$的晶格,稀土与近邻原子的配位作用导致晶格参数的改变,因此 SiAlON 材料的折射系数、反射系数及吸收系数等光学参数与 Si$_3$N$_4$相比,都有变化,这些因素的变化直接影响了材料的光学性能[5]。图 8.4 通过反射率曲线分析了稀土对 α-SiAlON 陶瓷光学性能的影响。可见-红外波段的反射率随波长的变化规律与透光率大致相同;而在 200～400 nm 波段由于透光截止,材料对紫外线的反射率表现出升高,因为这时光线通过材料时,只有两种现象:一种是被材料吸收;另一种是部分被反射回去。

Y-α-SiAlON、Yb-α-SiAlON、Dy-α-SiAlON 和 Lu-α-SiAlON 对光线的反射不是很大,反射率都为 8%～16%。因此可知,其透光损失主要来自于材料的吸收作用,包括分子、原子基团的吸收以及晶粒之间的相互散射。

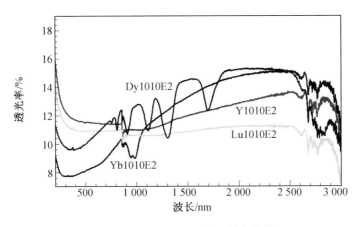

图 8.4   RE-α-SiAlON 的反射率曲线

8.1.4   透光率

强度为 I_0 的入射光通过厚度为 L 的透明陶瓷时,忽略光的多次反射,根据简化的 Lambert-Beer(朗伯-比尔)定律可知[6]

$$T = \frac{I}{I_0} = (1-R)^2 \exp(-\alpha L) \tag{8.1}$$

式中　T——透光率,%;

　　　I_0——入射强度;

　　　I——透射强度;

　　　R——反射系数;

　　　α——吸收系数;

　　　L——厚度。

通过求 $\ln T$-L 直线的斜率和截距可以计算出透光率、吸收系数。

图 8.5 示出了不同厚度 Dy-α-SiAlON 陶瓷样品在 300～900 nm 及 300～3 000 nm 波段的透光率的拟合曲线。随着样品厚度的减小,透光率显著升高,吸收峰的形状和位置未有变化。选用 1 500 nm、2 000 nm、2 500 nm 三个波段的透光率进行线性拟合(图 8.6),计算出不同波长的反射系数与吸收系数(表 8.1)。

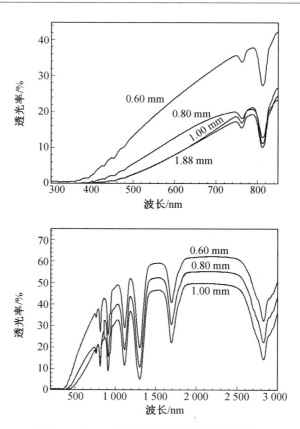

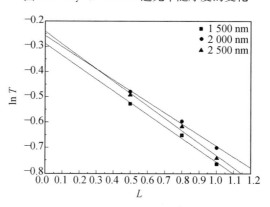

图 8.5 Dy-α-SiAlON 透光率随厚度的变化

图 8.6 Dy-α-SiAlON 透光率的拟合曲线

表 8.1 Dy-α-SiAlON 的透光参数[1]

波长/nm	斜率	截距	吸收系数 α	反射系数 R
2 500	−0.487 67	−0.240 62	0.487 7	0.113 3
2 000	−0.434 21	−0.256 9	0.434 2	0.120 5
1 500	−0.465 96	−0.287 94	0.466 0	0.134 1

根据反射系数 R 与相对折射率 n 的关系[5, 7]

$$R = \frac{(n-1)^2}{(n+1)^2} \qquad (8.2)$$

获得 Dy-α-SiAlON 陶瓷在 2 500 nm、2 000 nm 及 1 500 nm 红外光折射率分别为 2.01、2.06 及 2.15，与 Si_3N_4 平均折射系数 2.04 相差不大。忽略致密材料的光吸收和散射，即假设 $\alpha \approx 0$，最大透光率为 $T_{max} = (1-R)^2$，则 Dy-α-SiAlON 对 2 500 nm、2 000 nm 及 1 500 nm 红外线的最大透光率分别为 78.6%、77.3% 和 75.0%。实际透光率与理论透光率的差别主要由晶界面及晶间相的散射损失引起。因此，必须对材料的微结构进行严格控制才能进一步提高透光率。

8.2 过量稀土对 α-SiAlON 陶瓷透光性能的影响

8.2.1 致密化和物相

Nd-α-SiAlON 生成速度慢，瞬时液相能够持续较长时间。在 1 900 ℃ 高温下，未添加过量稀土 Nd_2O_3 助烧剂的 Nd1010 材料也可以获得大于 99.5% 的致密度。过量稀土可引入更多的液相，但在提高致密化的同时，还将影响物相组成。

Nd-α-SiAlON 除含有 α 相外，还含有少量 β 相和 M′ 相。与添加过量稀土 Nd_2O_3 的材料相比，Nd1010 中的 β 相含量较高，而 M′ 相含量很低，Nd-α-SiAlON 的 XRD 图谱如图 8.7 所示。

因为 α-SiAlON 的设计成分在 α-SiAlON 边界上的 Nd-SiAlON 材料，低温阶段处于 α-β-SiAlON 双相区而形成一定量的 β-SiAlON 相；当高温下重新进入 α-SiAlON 单相区后，这些 β-SiAlON 相重新溶解并沉淀为 α-SiAlON 相。液相特征显然影响 β-SiAlON 向 α-SiAlON 相的转变动力学特性。添加了过量 Nd_2O_3 的材料在高温时形成 M′ 液相，促进了 β-SiAlON 向

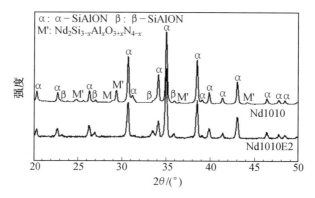

图 8.7　Nd-α-SiAlON 的 XRD 图谱

α-SiAlON 相的转变,随后的冷却过程中结晶为 M′ 相。但是 Nd1010E2 中仍然有少量 β-SiAlON 相存在,说明 β-SiAlON 相向 α-SiAlON 相的转变并不完全。

8.2.2　显微组织

从材料显微组织的背散射电子像(图 8.8)衬度区可以分出 α-SiAlON、β-SiAlON 和晶间相黑色 β-SiAlON 晶粒长径比较大,而浅灰色掺杂的 α-SiAlON 晶粒同时含有等轴晶和棒晶。等轴晶直径小于 1 μm;棒晶粒长径比大于 5。Nd^{3+} 离子掺杂的 α-SiAlON 形核率慢,晶核密度较低,晶粒在生长过程中不易受其他晶粒的碰撞和挤压;另外高温 M′ 液相促进了棒晶的生长。同 Nd1010 材料中相比,Nd1010E2 中 β-SiAlON 相显著减少,晶间相增多。

(a) Nd1010　　　　　　　　　　　　　(b) Nd1010E2

图 8.8　材料显微组织的背散射电子像[8]

8.2.3 透光性能

Nd-α-SiAlON 材料在 200~2 250 nm 和 2 500~4 300 nm 波长范围内透光率随着波长的增加而提高,4 300 nm 后下降,到 5 000 nm 截止。由于 Nd^{3+} 的分裂能级非常多,能吸收不同波长的光子能量,产生 f→f 和 5d→4f 电子跃迁,所以透光率曲线上有很多吸收峰(图 8.9)。

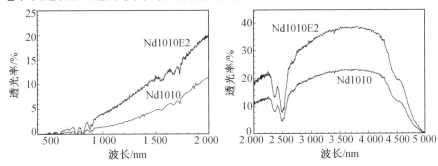

图 8.9 1.0 mm 厚度的 Nd-α-SiAlON 样品的透光率

添加过量稀土和未添加助烧剂的 Nd-α-SiAlON 最大透光率分别为 39% 和 23%。过量稀土的加入促进了烧结致密和 β-SiAlON 溶解,使 Nd1010E2 透光性能好于 Nd1010。β-SiAlON 相和 M′相对光的折射和散射作用,导致 Nd-SiAlON 材料的最高透光率未超过 40%。晶间相 M′等第二相是导致 Nd-SiAlON 透光性能较差的主要原因。厚度为 1.0 mm 的 Nd-α-SiAlON样品实物透光照片如图 8.10 所示。

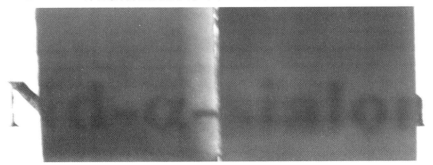

图 8.10 厚度为 1.0 mm 的 Nd-α-SiAlON 样品实物透光照片

8.3 复合稀土对 α-SiAlON 陶瓷透光性能的影响

8.3.1 致密化和物相

两种离子复合掺杂不仅能降低液相形成的共晶温度,促进烧结致密,而且有助于大尺寸稀土离子进入 α-SiAlON 晶格中。YbNd1010E2 也由单一的 α-SiAlON 相组成,同 Nd 单稀土掺杂的 SiAlON 材料相比,消除了 M′ 相以及 β 相。LuSc 复合掺杂的 SiAlON 陶瓷的物相较复杂,除 α-SiAlON 相外,还有少量的 β-SiAlON 相、J′ 相和 12H-AlN 多型体。晶间相类型是由稀土 Lu 元素决定的(图 8.11)。

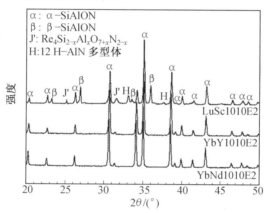

图 8.11　复合稀土掺杂 α-SiAlON 材料的 XRD 图谱

8.3.2 显微组织

稀土复合掺杂 SiAlON 材料的 SEM 组织如图 8.12 所示,复合掺杂制备 YbNd-SiAlON 材料组织均匀,几乎无晶间相。YbY-SiAlON 为分布均匀的等轴晶,大小在 1 μm 左右,含有少量晶间相。与前二者相比较,LuSc-SiAlON晶粒则大小不一,分布不均匀;还可观察到 β 棒晶和 AlN 多型体,且在晶粒之间可见白色的晶间相。

YbNd-SiAlON 受 Nd 影响,晶粒生长速度慢,故晶粒尺寸较小;而YbY-SiAlON晶粒快速长大,所以显微结构中的晶粒尺寸较大。当材料的晶粒较小时,晶粒间空隙相对较小,高温液相分散填充在晶界位置,冷却后形成的晶间相体积相对较低;而晶粒尺寸较大时,晶粒间隙也较大,使得晶

(a) YbNd1010E2

(b) YbY1010E2

(c) LuSc1010E2

图 8.12 稀土复合掺杂的 α-SiAlON 材料的 SEM 组织[8]

间相体积较大。

复合掺杂的 YbY1010E2 和 YbNd1010E2 材料由大小较均匀的等轴状 α-SiAlON 晶粒构成,晶粒之间结合紧密,晶界较平整、干净,两晶粒之间有一层薄膜物质。三角晶界处残留的结晶液相较少。两者相比,YbY1010E2 晶粒尺寸较大。根据离子酸碱理论[9],弱碱性的 Y^{3+} 液相优先润湿弱酸性的 AlN,导致 α-SiAlON 的形核不均匀,因此引起材料组织不均匀。随着温度升高,产生大量 YAG 液相,有利于棒晶生长。而 Yb-SiAlON 形核速率快,容易快速耗完烧结液相,使得 YbY1010E2 保持了部分等轴晶粒(图 8.13)。

121

(a) YbY1010E2　　　　　　　　　(b) YbNd1010E2

图 8.13　材料显微组织的 TEM 像

8.3.3　透光性能

厚度为 1.0 mm 的 YbNd1010E2 和 YbY1010E2 样品,在 2 000 ~ 5 000 nm 的透光率曲线(图 8.14)表明,在 2 000 ~ 2 500 nm 波段,随着波长的增加材料的透光率上升,并在 5 000 nm 截止。Yb^{3+} 发生 $^2f_{7/2} \rightarrow {}^2f_{5/2}$ 的电子能级跃迁[10,11],在 982 nm 波段产生强吸收。Nd^{3+} 原子分裂能级多,能吸收不同波长的光子能量产生电子跃迁,YbNd1010E2 材料在 500 ~ 950 nm 和 2 200 ~ 2 750 nm 之间有多个吸收峰,导致透光率下降。

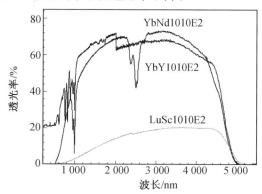

图 8.14　厚度为 1 mm 的 YbNd1010E2 和 YbY1010E2 透光率曲线

YbNd1010E2 和 YbY1010E2 材料都是由单一的 α-SiAlON 相组成的,晶粒尺寸较均匀,材料中很少有晶间相存在,晶界平整光滑,这些因素导致材料对光的折射和散射作用较小,透光率最高可达到 73% 。YbNd1010E2 材料在紫外波段的透光率为 20% 左右。

　　LuSc1010E2 陶瓷中除 α-SiAlON 相外,还存在大量的 β-SiAlON 相、AlN 多型体和晶间相 J′,在受到光照射时,它们都将成为散射中心,极大地减弱了透过的光强,其最高透光率仅为 20% 。

　　图 8.15 为复合稀土掺杂的 α-SiAlON 陶瓷在可见光波段的透光实物,样品厚度为 1 mm,可以看到,YbY1010E2 和 YbNd1010E2 呈棕黄色,在可见光波段透光率较高。而 LuSc1010E2 在可见光波段透光率则太低。

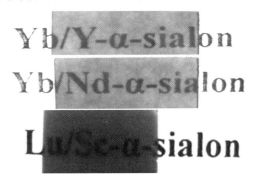

图 8.15　复合稀土掺杂的 α-SiAlON 陶瓷在可见光波段的透光实物[8,12-13]

8.4　SiAlON 成分对 α-SiAlON 陶瓷透光性能的影响

8.4.1　物相与显微组织

　　根据成分对 α-SiAlON 致密化进程的影响规律,位于高 N 低 O 区域的 Y1510E2 比低 N 高 O 的 Y1015E2 成分致密化困难。因为采用 1 900 ℃高温,Y$_2$O$_3$ 助烧剂与粉末原料内含有的 Al$_2$O$_3$、SiO$_2$ 相反应,生成了足够多的液相,热压制备出的 Y-SiAlON 陶瓷材料致密度均高于 99.5% 。

　　第 2.1 节中介绍了 Y1015E2、Y1515E2 和 Y1510E2 这三种陶瓷材料均以 α-SiAlON 相为主晶相。其中 Y1015E2 由于稀土含量相对较少,稀土元素能形成液相全部进入晶胞内部,所以形成了单一的 α-SiAlON 相。而 Y1515E2 和 Y1510E2 中有少量的 M′(Y$_2$Al$_3$O$_3$N$_4$)相,Y1515E2 中还有少量的 21R-AlN 多型体相[14]。

　　Y1015E2 材料主要由灰色衬度的 α-SiAlON 相组成,晶粒以等轴状为主,晶粒大小和分布均匀。晶界位置存在微量亮衬度的物质,是冷却过程中未完成结晶的玻璃相。背散射电子像观察结果还显示极少量的暗衬度物相存在于 Y1015E2 材料中。该成分中的 Y 稀土元素含量较少。

　　Y1515E2 材料除等轴状 α-SiAlON 晶粒外,还有大量 α-SiAlON 棒晶粒和少量 β-SiAlON 晶。α 棒晶和 β 晶粒大小均匀,直径不超过 2 μm,长径比大约为 5 ~ 6。同 Y1015E2 相比,Y1515E2 中 Y 稀土元素含量增加,长棒状晶粒含量增加,位于 α 相区中心的成分烧结过程中生成的液相量较多,促进了 α-SiAlON 晶粒的各向异性长大(图 8.16)。

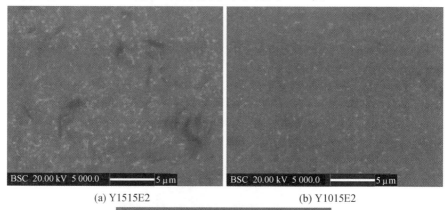

(a) Y1515E2　　　　　　　　　　　(b) Y1015E2

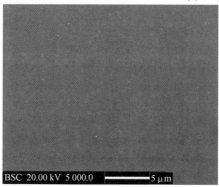

(c) Y1510E2

图 8.16　不同成分 Y-SiAlON 显微组织的 SEM 像

　　Y1510E2 中,α-SiAlON 晶粒大小均匀,晶间相的局部团聚,而位于两晶粒晶界位置的玻璃相薄层厚度降低。未能融入 α-SiAlON 晶胞的 Y-Si-Al-O-N 液相聚集在三角晶界,受到 Y-α-SiAlON 晶粒的排挤而流动团聚,从而净化了周围的晶界(图 8.17)。

　　α-SiAlON 中的 O 含量越高则其液相越难晶化,造成较多的玻璃相;相反,N 和稀土元素含量越高则越容易促进液相结晶。Y1015E2、Y1515E2和 Y1510E2 这 3 种材料中,Y1510E2 晶间相的结晶性能最好,以至于产生聚集析晶现象;Y1015E2 液相的结晶能力最差,它由单一的 α-SiAlON 相

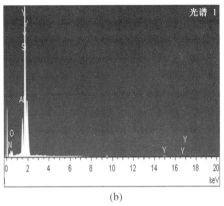

(a)　　　　　　　　　　　　　　　(b)

图 8.17　Y1510E2 材料中结晶相的偏聚形貌和能谱

组成,玻璃相含量最高;Y1515E2 玻璃相含量居于二者之间。

Y1515E2 材料的 TEM 组织(图 8.18)由长棒状晶粒和等轴状晶粒构成。晶粒结合紧密,晶粒间隙有少量 M′晶间相,晶界较光滑,晶界较干净。为了促进致密,加入过量稀土元素作为烧结助剂。液相能促进棒晶粒的生长,但通常以晶间相形式存在,填充材料晶粒间隙。

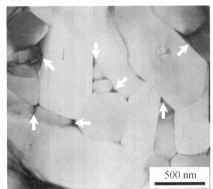
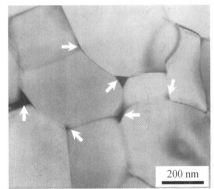

图 8.18　Y1515E2 材料的 TEM 组织

8.4.2　透光性能

厚度为 1 mm 的 Y1515E2、Y1510E2 和 Y1015E2 样品(图 8.19),在可见光范围内,Y1510E2 的透光率最高,能很好地将纸上的字反映出来,而 Y1015E2 的透光率最低,几乎看不到纸上的字;Y1515E2 的透光率居中。

Y1015E2、Y1515E2 和 Y1510E2 材料在 2 000～5 000 nm 波长范围的透光率随着波长的增加有增加趋势,3 500 nm 以后开始下降并截止于 5 000 nm。Y^{3+} 的原子能级处于全充满状态,不吸收光子能量产生 4f→5d 电

图 8.19　1 cm 厚样品实物[8]

子跃迁,所以透光率曲线较平滑,没有吸收峰。Y-SiAlON 材料对可见光的透光率很低,直到波长为 600 nm 左右透光率才为百分之几。相对于其他两种成分,Y1510E2 材料的透光性能最好。随着波长的增加,成分差异对透光率的影响逐步减小(图 8.20)。

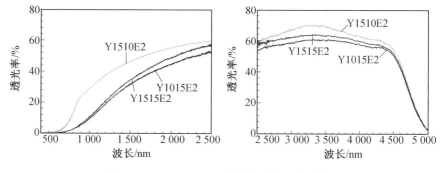

图 8.20　Y-α-SiAlON 材料的透光率曲线[8]

　　相同稀土元素掺杂 α-SiAlON,物相组成和晶间相含量不是影响材料透光性能的主要因素,透光能力可能受晶间相的结晶状态及分布影响更大。成分对 α-SiAlON 陶瓷透光性能的影响主要体现在烧结液相的结晶能力及晶界玻璃相方面。界面玻璃层的含量越低,α-SiAlON 材料的透光率越高。物相组成、晶粒形貌本身对 Y-α-SiAlON 透光性能的影响不大。

　　Y1015E2 中 N 与 O 的含量比及稀土含量较低,烧结液相润湿到晶粒的界面之间并且难以结晶。界面玻璃层对光子散射严重,所以引起材料的透光性能变差。与之相反的情况是 Y1510E2 材料,其较大的 N 与 O 的含量比有利于促进烧结液相的结晶;某些因素可能导致了烧结液相对 α-SiAlON晶粒的润湿能变差,在材料的组织演变过程中,烧结液相被排挤到三角晶界位置团聚,一定程度上净化了晶界,所以获得了最好的透光性。

参考文献

[1] 罗伟. α-SiAlON 陶瓷的光学性能研究[D]. 哈尔滨：哈尔滨工业大学，2006.

[2] LIU L M, YE F, ZHENG S W, et al. Light transmittance in α-SiAlON ceramics：effect of composition，microstructure，and refractive index anisotropy[J]. J. Euro. Ceram. Soc. , 2012, 32：2487-2494.

[3] SHEN Z J, NYGREN M, HALENIUS U. Absorption spectra of rare-earth-doped α-ceramics[J]. J. Mater. Sci. Lett. ,1997,16：263-266.

[4] 李建宇.稀土发光材料[M].北京:化学工业出版社,2003.

[5] 关振铎，张中太，焦金生. 无机材料物理性能[M]. 北京：清华大学出版社，1992.

[6] TAKEI F, USHIZAWA J, SAKURAI M. Growth of single crystal for laser application. Toshiba Rebyu. 1969, 24：1-9.

[7] LI J G, IKEGAMI T, MORI T. Fabrication of transparent sintered Sc_2O_3 ceramics[J]. J. Am. Ceram. Soc. , 2005, 88(4)：817-821.

[8] 彭博. 稀土掺杂 α-SiAlON 透明陶瓷的制备及光学性能研究[D]. 哈尔滨：哈尔滨工业大学，2007.

[9] YE F, LIU C F, LIU L M, et al. Optical properties of in-situ toughened ScLu-α-SiAlON[J]. Scripta Materialia, 2009, 61(10)：982-984.

[10] KARUNARATNE B S B, LUMBY R J, LEWIS M H. Rare-earth-doped α′-SiAlON ceramics with novel optical properties[J]. J Mater. Res. , 1996, 11：2790-2794.

[11] XIE R J, HIROSAKI N, MITOMO M, et al. Strong green emission α-SiAlON activated by divalent ytterbium under blue light irradiation[J]. J. Phys. Chem. B. , 2005, 109：9490-9494.

[12] YE F, LIU L M, LIU C F, et al. High infrared transmission of Y^{3+}-Yb^{3+}-doped α-SiAlON[J]. Mater. Lett. , 2008, 62(30)：4535-4538.

[13] MENON M, CHEN I W. Reaction densification of α′-SiAlON：I Wetting behavior and acid-base reactions[J]. J. Am. Ceram. Soc. , 1995, 78(3)：545-552.

[14] LIU C F, YE F, XIA R S, et al. Influence of composition on self-toughening and oxidation properties of Y-α-SiAlONs[J]. Journal of Materials Science & Technology, 2013, 29(10), 983-988.

第9章 α-SiAlON 陶瓷的高温损伤

α-SiAlON 陶瓷不但具有优异的高温机械性能和良好的热性能,而且化学稳定性高、耐腐蚀、抗氧化,因而作为一种备受青睐的高温结构陶瓷材料在工程上有着广阔的应用前景。围绕陶瓷的制备工艺、成分、烧结助剂含量、稀土稳定剂的类型等诸多因素对 α-SiAlON 陶瓷的高温氧化、热震行为及压痕法热震裂纹的扩展与弥合等高温损伤行为进行了详细阐述。

9.1 α-SiAlON 陶瓷的高温氧化行为

α-SiAlON 陶瓷在烧结过程中,吸收体系中的液相成分进入它的结构中,大大降低了材料中的晶间相含量,从而对材料的高温性能有利。但作为非氧化物陶瓷,它仍面临氧化问题,不同的稳定剂或烧结助剂的加入致使残留晶间相的种类、含量不同,而氧化通常都是从晶界开始,其难熔程度影响了陶瓷的抗氧化能力。

9.1.1 成分对 Y-SiAlON 陶瓷氧化行为的影响

1. Y-α-SiAlON 陶瓷的氧化动力学

不同成分的 Y-α-SiAlON 在 1 100 ℃、1 200 ℃ 和 1 300 ℃ 下,其单位面积氧化增重随时间变化的曲线如图 9.1 所示。从氧化增重的试验结果来看,Y1010E2 氧化增重最少,在 1 200 ℃ 下氧化 32 h 后单位面积氧化增重 0.37 mg/cm^2;而 Y1515E2 氧化增重最多,其在 1 200 ℃ 下氧化 32 h 后单位面积增重达 0.53 mg/cm^2;Y1015E2、Y1510E2 介于上述两者之间。值得注意的是,1 300 ℃ 下,所有试样氧化增重已经十分严重,而且还发现 Y1515E2 在氧化 32 h 后有少量的玻璃相流出。

1 100 ~ 1 300 ℃ 下,不同成分 Y-α-SiAlON 的氧化增重结果基本呈抛物线递增规律。在 1 200 ℃ 和 1 300 ℃ 下氧化 8 h 以前,其氧化增重十分快,基本上呈直线增重规律。这是因为氧化的开始阶段氧气可以直接扩散到试样表面发生氧化反应,这个阶段由于致密的氧化层还没有形成或者氧化层比较薄,不能很好地阻止氧气向基体扩散,所以氧化开始阶段的氧化速率主要受氧气和 Y-α-SiAlON 的界面反应控制。1 100 ℃ 下由于氧化现

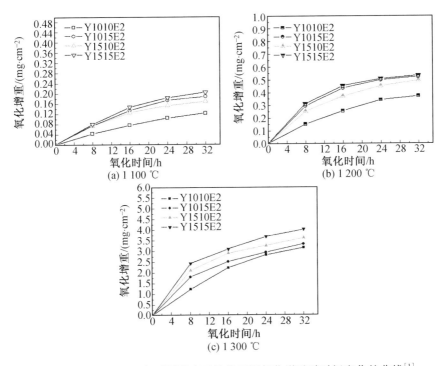

图 9.1   Y-α-SiAlON 在不同温度下单位面积氧化增重随时间变化的曲线[1]

象并不明显,氧化增重也很少,所以在 1 100 ℃下,氧化 16 h 以前,氧化增重基本呈直线变化的规律。

延长氧化时间,Y-α-SiAlON 单位面积氧化增重增加,但增重程度逐渐降低,因为表面形成的氧化层能很好地阻止氧气向基体进一步扩散,这时候氧化速率主要受氧气经过氧化层向基体的扩散控制。Y-α-SiAlON 的氧化动力学特性基本呈抛物线规律,可以用 Arrhenius(阿仑尼乌斯)抛物线方程来表示[2]:

$$W^2 = K_{\mathrm{p}}t + C \tag{9.1}$$

式中　W^2——单位面积增重的平方值,$\mathrm{mg}^2/\mathrm{cm}^4$;

t——氧化时间,s;

C——常数,理想情况下,$C=0$;

K_{p}——氧化速率常数,$\mathrm{mg}^2/(\mathrm{cm}^4 \cdot \mathrm{s})$,可通过曲线的拟合求出,如图 9.2 中直线的斜率 K_{p}。

图 9.2 为 Y-α-SiAlON 陶瓷在不同温度下氧化增重的平方值与时间的关系曲线。从图 9.2 中可以看出氧化增重最小的 Y1010E2 的拟合效果

最好,最符合抛物线规律,这是因为它在最短时间内形成致密连续的氧化层,抗氧化性能最好。表 9.1 列出了不同成分的 Y-α-SiAlON 陶瓷在 1 100 ~ 1 300 ℃ 下氧化的 K_p 值。由表 9.1 可知,1 200 ℃ 下 K_p 值比 1 100 ℃ 下的 K_p 高出一个数量级,而 1 300 ℃ 下的 K_p 值比 1 100 ℃ 下的 K_p 值高出 3 个数量级。

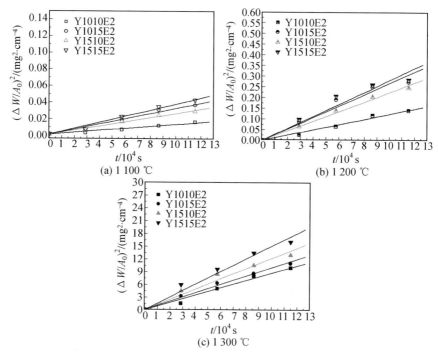

图 9.2　Y-α-SiAlON 陶瓷在不同温度下氧化增重的平方值与时间的关系曲线[1]

表 9.1　Y-α-SiAlON 在 1 100 ~ 1 300 ℃ 下的 K_p 值　$mg^2/cm^4 \cdot s$

试样	1 100 ℃	1 200 ℃	1 300 ℃
Y1010E2	1.23×10^{-7}	1.23×10^{-6}	0.87×10^{-4}
Y1015E2	3.19×10^{-7}	2.68×10^{-6}	1.20×10^{-4}
Y1510E2	2.56×10^{-7}	2.24×10^{-6}	1.00×10^{-4}
Y1515E2	3.69×10^{-7}	2.81×10^{-6}	1.50×10^{-4}

2. Y-α-SiAlON 高温氧化产物

图 9.3 和图 9.4 是不同成分的 Y-α-SiAlON 在 1 100 ℃ 下氧化 32 h 和 1 200 ℃ 下氧化 8 h 后的 XRD 图,可以看出,α-SiAlON 和稀土硅酸盐

（$Y_2Si_2O_7$）为主晶相，另外氧化层中还发现有莫来石（$3Al_2O_3 \cdot 2SiO_2$）和方石英（SiO_2）。1 100 ℃下，只有很少量的莫来石和方石英，而析出稀土硅酸盐的量就比较多。1 200 ℃下氧化增重最少的 Y1010E2 的氧化层中含有较多的 $Y_2Si_2O_7$，对比之下，氧化增重最多的 Y1515E2 氧化层中含有较少的 $Y_2Si_2O_7$。稀土硅酸盐析出相的含量与其周围的环境有关，氧化层的主要组成是铝硅酸盐玻璃相，所以玻璃相的黏度越小，稀土离子的扩散越容易，析出的稀土硅酸盐就越多。由于 Y1010E2 氧化层玻璃相黏度较低，所以析出了较多的稀土硅酸盐。由于析出相的高难熔性和抗氧化能力，所以 Y1010E2 在 1 100 ℃和 1 200 ℃下抗氧化能力是最好的，这与它的氧化增

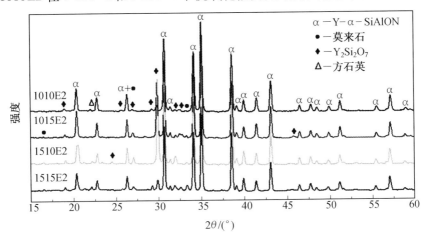

图 9.3　Y-α-SiAlON 在 1 100 ℃下氧化 32 h 后的 XRD 图

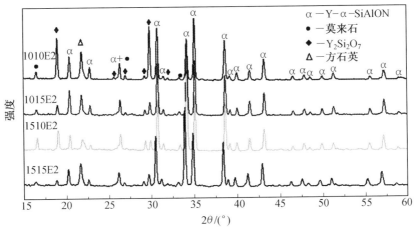

图 9.4　Y-α-SiAlON 在 1 200 ℃下氧化 8 h 后的 XRD 图

重最少是一致的。由此看来,Y1010E2 由于其晶间相最少而且析出物比较
多决定了其最好的抗氧化性能。

图 9.5 和图 9.6 分别是 Y1010E2 和 Y1515E2 在 1 200 ℃下氧化 0 h
到 32 h 后的 XRD 衍射图,氧化表面仍以 α-SiAlON 为主晶相,说明氧化层
的厚度较小。氧化层中析出的稀土硅酸盐基本随时间的延长不断增加。
但 Y1515E2,特别是 Y1010E2,在 1 200 ℃下氧化 24 h 后,稀土硅酸盐的相
对含量减少,与此同时,莫来石和方石英的相对含量明显增多。在氧化
32 h 后,稀土硅酸盐的相对含量又大大增加,另一面,莫来石的相对含量明
显降低。可能是在高温长时间下,在非晶态玻璃相组成的氧化层中析出更
多热力学比较稳定的稀土硅酸盐晶粒。

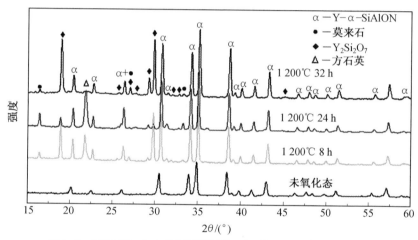

图 9.5　Y1010E2 在 1 200 ℃下氧化 0 h 到 32 h 后的 XRD 图

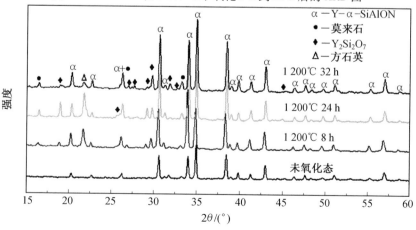

图 9.6　Y1515E2 在 1 200 ℃下氧化 0 h 到 32 h 后的 XRD 图

图9.7为不同成分Y-α-SiAlON在1 300 ℃下氧化24 h后的XRD衍射图,氧化层物相组成分析显示,α-SiAlON的衍射峰相对于1 200 ℃来说,已经大大减弱了,试样表面氧化层的物相组成不变,仍为莫来石、方石英和稀土硅酸盐,但它们的衍射峰都很弱。氧化层中玻璃相含量大大增加,衍射谱中呈现很高的非晶相馒头峰。Y1515E2经过1 300 ℃氧化24 h后衍射图谱中Y$_2$Si$_2$O$_7$的衍射峰较其他三种成分的Y-α-SiAlON的强度低,而且数量也少,可能是由于Y1515E2氧化更加严重,少量氧化膜起泡脱落造成的。

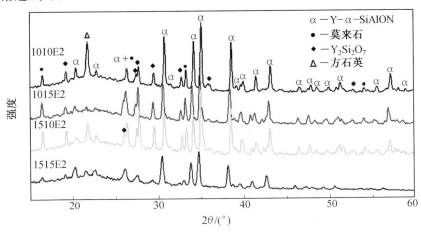

图9.7 不同成分的Y-α-SiAlON在1 300 ℃下氧化24 h后的XRD衍射图

3. 高温氧化后试样表面形貌

不同成分的Y-α-SiAlON在1 100 ℃下氧化16 h后氧化层表面都有长针状的稀土硅酸盐(白亮相)从非晶玻璃相(连续灰色相)中析出,在Y1015E2和Y1515E2的试样氧化层中还发现有方块状和管状的稀土硅酸盐析出相,它们晶粒较小,试样表面十分平整(图9.8)。由于方石英和莫来石不含稀土原子,其衬度和玻璃相的衬度相近,很难分辨方石英和莫来石相。析出相的含量和形状与氧化层中玻璃相的成分和黏度有关,一般来说,黏度越小,析出相越多。而在某些区域上还看到一些气泡的出现(图9.8(d)),这是因为基体自身发生氧化反应,导致有氧化气体产物——氮气的逸出而造成的。

图9.9为Y-α-SiAlON在1 200 ℃下氧化16 h后氧化层表面形貌图,氧化层表面析出的稀土硅酸盐比1 100 ℃下氧化时大很多,特别是Y1015E2和Y1510E2,归因于较高温度下的玻璃相黏度大大降低,有利于

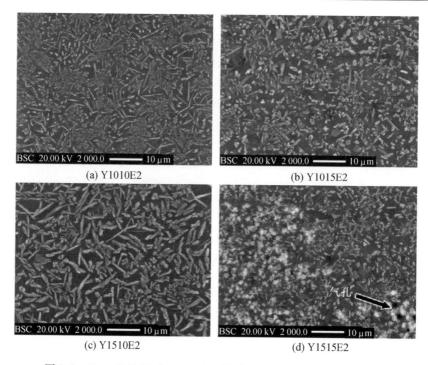

(a) Y1010E2   (b) Y1015E2

(c) Y1510E2   (d) Y1515E2

图9.8 Y-α-SiAlON在1 100 ℃下氧化16 h后氧化层表面形貌图

稀土硅酸盐相析出和长大。综合能谱定量分析(图9.10)和XRD的结果可以进一步验证,稀土硅酸盐为$Y_2Si_2O_7$,而非晶玻璃相中溶有Si、O和Al,所以判断其为铝硅酸盐玻璃相。而莫来石和方石英析出相由于衬度与玻璃相的衬度相近,所以没有观察到。

在氧化表面也可观察到微裂纹(图9.9(d)),可能是由在冷却过程中氧化层和基体的热膨胀性不匹配而引起的。从微裂纹扩展路径看来,裂纹产生于非晶的玻璃相中,然后向四周扩展,而且还会向稀土硅酸盐析出相扩展。裂纹的出现对于材料的高温抗氧化性能影响不大,因为在高温下玻璃相的流动使得微裂纹会自动愈合消失。同样由于氮气的逸出产生的气孔在高温下也会愈合。

在1 300 ℃下,Y-α-SiAlON氧化已经十分严重,表面严重鼓泡,氧化层表面的气泡上析出大量的白色析晶相,其放大形貌如图9.11(b)所示。其形状较低温氧化析出相规则,呈长轴状,呈择优取向分布在氧化层上,但析出相含量很少。成分分析(图9.11(c))反映出该长条相只含有Si、Y和O这三种元素,结合XRD结果,可以确定该相为$Y_2Si_2O_7$,与低温氧化时的析出相相同。

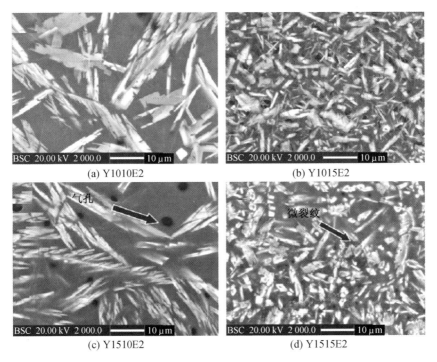

(a) Y1010E2

(b) Y1015E2

(c) Y1510E2

(d) Y1515E2

图 9.9　Y-α-SiAlON 在 1 200 ℃下氧化 16 h 后氧化层表面形貌图

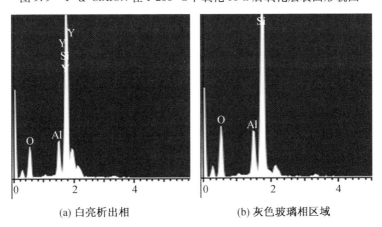

(a) 白亮析出相

(b) 灰色玻璃相区域

图 9.10　Y1010E2 在 1 200 ℃下氧化 16 h 后氧化表面能谱元素定量分析

4. 氧化层横截面观察

　　Y1010E2、Y1015E2、Y1510E2 和 Y1515E2 在 1 100 ℃下氧化 32 h 后氧化层横截面形貌图(图 9.12)显示,氧化层(箭头所指)十分致密,与基体的结合也很好。氧化层在 1 100 ℃下比较薄,层厚约为 2 μm,各试样氧化

(a) 低倍　　　　　　　　　(b) 高倍　　　　　　　(c) 白色析出相的成分

图 9.11　Y1010E2 在 1 300 ℃下氧化 32 h 后氧化层表面形貌图

层的厚度基本与其氧化增重的结果一致,即氧化层最厚的是 Y1515E2,依次为 Y1015E2、Y1510E2、Y1010E2。

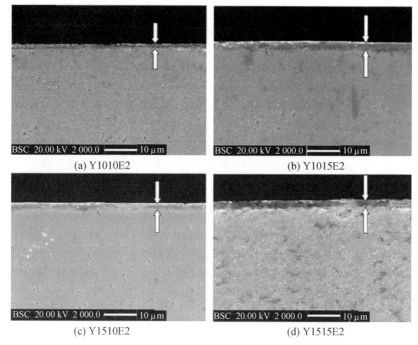

(a) Y1010E2　　　　　　　　　　　　(b) Y1015E2

(c) Y1510E2　　　　　　　　　　　　(d) Y1515E2

图 9.12　Y-α-SiAlON 在 1 100 ℃下氧化 32 h 后氧化层横截面形貌图

　　Y1010E2 在 1 200 ℃下氧化不同时间后氧化层横截面图(图 9.13)显示,氧化层十分致密,与基体的结合也很好。同 1 100 ℃下相比,氧化层明显增厚,而且随着时间的延长,氧化层不断增厚,但增厚的趋势有所减缓。其厚度的变化情况如图 9.14 所示,可以看出氧化层的厚度与氧化增重的规律相似,层厚呈抛物线规律递增。其中 Y1010E2 氧化层厚度最薄,

1 200 ℃下氧化 32 h 后层厚约为 4 μm；而 Y1515E2 氧化层厚度最厚，约为 5 μm。

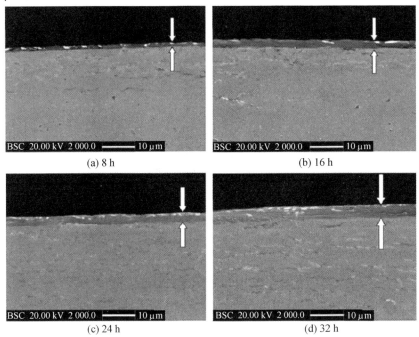

(a) 8 h (b) 16 h

(c) 24 h (d) 32 h

图 9.13 Y1010E2 在 1 200 ℃下氧化不同时间后氧化层横截面图

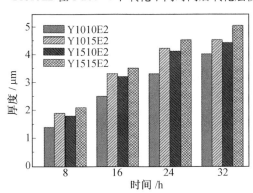

图 9.14 不同成分的 Y-α-SiAlON 在 1 200 ℃下氧化层厚度随时间的变化

图 9.15 所示为 Y-α-SiAlON 陶瓷在 1 300 ℃下氧化不同时间后的断面形貌。氧化温度升高，氧化层厚度显著增大，厚度约为 100 μm，而且氧化层非常稀松，在氧化层内可见大量气孔。当氧化时间增长到 24 h 时，氧化层内存在很多尺寸较大的孔洞，这是由于氧化层内气泡破裂后形成的。

图 9.15(c)示出了 Y-α-SiAlON 陶瓷氧化层的成分,分析表明氧化层主要由 Al、Si 和 O 组成,可能为铝硅酸盐。

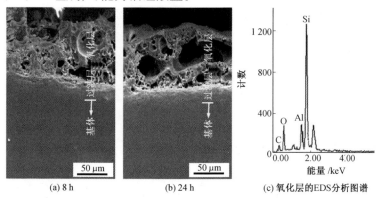

(a) 8 h (b) 24 h (c) 氧化层的EDS分析图谱

图 9.15　Y-α-SiAlON 陶瓷 1 300 ℃下氧化不同时间后的断面形貌[3]

图 9.16 是 Y1515E2 在 1 200 ℃下氧化 16 h 后横截面的线扫描能谱图,可以看出,氧化层中氧含量比基体高出很多。根据氧元素含量的变化可以把横截面分为三部分:①最表面的氧化层,其氧含量很高(Ⅰ);②氧含量逐渐降低到与基体一致的氧化过渡层(Ⅱ);③基本不受氧化影响的基体(Ⅲ)。

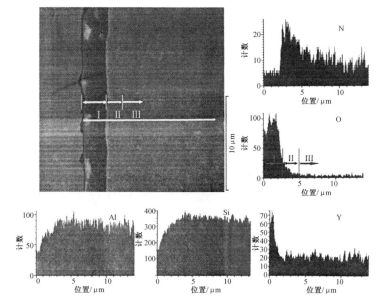

图 9.16　Y1515E2 在 1 200 ℃下氧化 16 h 后横截面的线扫描能谱图
Ⅰ—氧化层;Ⅱ—氧化过渡层;Ⅲ—基体

氧化过渡层随氧化的温度和时间,其厚度也不断发生变化。另外,氧化过渡层中比较明显的特征是氮元素含量突然增加。这是因为氧气扩散到氧化层的下表面,与基体表面发生的氧化反应,有 N_2 生成,N_2 并不能轻易地从致密的氧化层逸出,只有 N_2 量不断增加到有足够的分压,使得氧化层产生气孔从而逸出。但 N_2 的分压随大部分 N_2 的逸出而不断减少,气孔也由于氧化层中熔融玻璃相的流动而被愈合,于是剩下的 N_2 就只能残留在氧化过渡层中。

氧化层中的白色区域为稀土硅酸盐析出相,因为该区域 Y 元素含量突然增大,另外 Al、O 元素的含量也有突变。它们都是位于氧化层的最上表面,所以判断出稀土硅酸盐是由氧化层与表面的氧气发生反应而析出的,而氧化层的下部是连续的铝硅酸盐玻璃相。

5. Y–α–SiAlON 高温氧化机理的分析

α–SiAlON 烧结过程中,作为烧结添加剂的稀土氧化物或氧化铝在高温烧结的条件下,形成瞬时液相,然后固溶进氮化硅基体里面,起到净化晶界的作用。α–SiAlON 高的抗氧化能力主要是跟其有很高的晶界净化能力有关。但这种高的晶界净化能力是相对的,α–SiAlON 晶粒之间往往存在一定量的结晶晶间相或非晶的玻璃相,晶间相的存在会大大影响α–SiAlON 的高温氧化行为。

对于 Y–α–SiAlON,不同成分的 Y–α–SiAlON 其抗氧化能力的差异主要体现在其晶界净化的效果。之前对烧结态 Y–α–SiAlON 陶瓷的物相分析显示,Y1010E2 中只有很少的晶间析出相,晶界净化效果好,所以其抗氧化能力较好。而 Y1015E2 尤其是 Y1515E2,由于晶间相较多,晶界净化效果不理想,导致了 Y1515E2 氧化最为严重。这与 Y–α–SiAlON 在 1 100 ℃、1 200 ℃ 和 1 300 ℃ 单位面积氧化增重结果是相符合的。

从 Y–α–SiAlON 氧化增重曲线基本呈抛物线的趋势来看(图 9.1、图 9.2),Y–α–SiAlON 的氧化动力学受分子或离子扩散的控制,主要包括氧气向基体的扩散,稀土离子与铝离子向氧化表面的扩散。氧化刚开始阶段,氧气可以直接在试样表面与基体发生氧化反应,这个阶段氧化的主控步骤是氧气和基体的界面反应;到了氧化的后期阶段,致密的氧化层逐渐形成,氧化层也不断增厚,以至于氧气要经过氧化层的扩散才能到基体的表面,所以氧气的扩散越来越困难。这一阶段氧化的主控步骤是氧气经过氧化层向基体的扩散,所以这一阶段单位时间氧化增重不断减少,增重曲线呈抛物线规律;而氧化的中间阶段,氧化的过程是兼有了以上的两种机制。

另外,氧化层的难熔性和致密性也会影响到 α–SiAlON 的抗氧化能力。Y1010E2 在 1 200 ℃下氧化的过程中析出了较多的析出相,尤其是析出稀土硅酸盐 $Y_2Si_2O_7$,由于析出相的高难熔性,致使由它们组成的氧化层也具有较高的难熔性,其抗氧化能力也会得到提高。另外,氧化层主要的组成是铝硅酸盐玻璃相,其黏度大小直接影响到氧化层的抗氧化能力,因为黏度越大,氧气在氧化层中的扩散速度就越慢。晶粒间的玻璃相黏度的提高也能减慢 Y^{3+}、Al^{3+} 等离子的扩散速度,从而减慢了基体的氧化反应。黏度提高还能够减少气孔的产生率,阻止 N_2 的逸出。

一些对 α-SiAlON 的超塑性研究指出,α-SiAlON 的成分设计中 Al_2O_3/Y_2O_3 的比例越高,其晶间玻璃相的黏度就越大[4]。因为 Y^{3+} 在氧化硅玻璃相中,会减少桥接氧的数量,令氧化硅组成的玻璃网络遭到破坏,黏度降低;而 Al^{3+} 却能够起到补网的作用,因为 Al^{3+} 可以和非桥接氧结合,使非桥接氧变回桥接氧,从而使玻璃的黏度提高[5]。从 Y-α-SiAlON 的成分设计来看,Y1015E2 中 Al_2O_3/Y_2O_3 的比例是最高的,所以它的玻璃相黏度应该是最高的,然后是 Y1515E2、Y1010E2 和 Y1510E2,其黏度较低。从图 9.11 的 XRD 图还可以看出,Y1015E2 中方石英含量是最少的,几乎没有,因为 Y1015E2 玻璃相黏度较大,在冷却的过程中不易发生晶化,从而把高温下的非晶结构在随炉冷却的过程中一直保留到室温,所以结晶方石英的量很少。

不同成分 Y-α-SiAlON 氧化层玻璃相黏度的差异也解释了析出相晶粒形貌和大小的不同。由于 Y1010E2 和 Y1510E2 的黏度比较低,原子和离子的扩散、重排比较容易,所以它们的稀土硅酸盐析出相比较粗大。

9.1.2　稀土类型对 α-SiAlON 陶瓷氧化行为的影响

1. 单位面积氧化增重

本小节中 α-SiAlON 陶瓷的 $m=n=1.0$,故样品简称 REE2(RE 为稀土,E2 表示稀土的质量分数过量 2%)。图 9.17 为不同稀土掺杂 α-SiAlON 陶瓷在 1 100～1 300 ℃下氧化 8～32 h 单位面积增重随时间的关系曲线。从图中可见,1 100 ℃温度材料单位面积氧化增重量很小,超过 8 h 后,氧化增重基本保持不变。而在 1 200 ℃和 1 300 ℃氧化时,NdE2 和 NdE0 氧化明显加剧,氧化 32 h 后,单位面积增重分别超过了 0.6 mg/cm² 和 3.0 mg/cm²。而 SmE2、DyE2、YbE2 在 1 300 ℃下氧化 32 h 后仅仅增重了 1.5 mg/cm² 左右,说明其具有非常好的抗氧化性。比较稀土类型对氧化增重的影响,可以得出 α-SiAlON 陶瓷的抗氧化能力从低到高依次为:NdE2、NdE0、SmE2、YbE2 和 DyE2,其中 YbE2 和 DyE2 抗氧化能力相当。

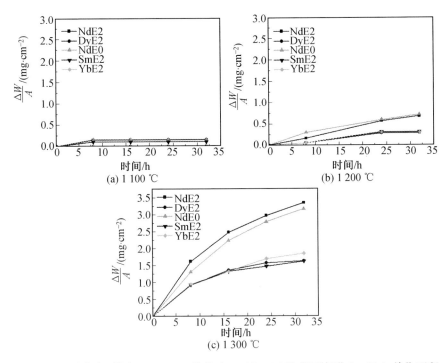

图 9.17 不同稀土掺杂 α-SiAlON 陶瓷在 1 100 ~ 1 300 ℃下氧化 8 ~ 32 h 单位面积
增重与时间的关系曲线[6]

从图 9.17 中还可以看出,在氧化初期,氧化增重呈线性增长趋势,氧化中期阶段较初期阶段缓慢,氧化后期氧化增重更加缓慢趋于稳定,呈抛物线形增长趋势,这与 9.1.1 小节中 Y-α-SiAlON 的氧化特性相似。表9.2 列出了不同稀土掺杂 α-SiAlON 陶瓷的氧化速率常数。

表 9.2 不同稀土掺杂 α-SiAlON 陶瓷的氧化速率常数[6] mg² · cm⁻⁴ · s⁻¹

样品	1 100 ℃	1 200 ℃	1 300 ℃
NdE2	8.6×10^{-4}	1.2×10^{-2}	3.5×10^{-1}
SmE2	5.8×10^{-5}	3.0×10^{-3}	8.1×10^{-2}
DyE2	2.7×10^{-5}	2.1×10^{-3}	1.1×10^{-1}
YbE2	3.5×10^{-5}	3.3×10^{-3}	1.3×10^{-1}

2. 氧化表面的相组成

图 9.18 是 DyE2 和 SmE2 陶瓷在 1 000 ~ 1 300 ℃下氧化 32 h 的氧化表面的 XRD 图谱。从图 9.18(a)中可以看出,DyE2 在 1 100 ℃下氧化不

严重,氧化产物 $Dy_2Si_2O_7$ 和方石英的衍射峰不明显。氧化膜很薄,基体 α-SiAlON 的衍射峰很强。随着氧化温度升高到 1 200 ℃,氧化层厚度逐渐超过 X 射线的穿透深度,基体 α-SiAlON 的衍射峰开始减弱。$Dy_2Si_2O_7$ 和方石英的衍射强度明显增加。氧化温度升高到 1 300 ℃,氧化产物 $Dy_2Si_2O_7$ 和方石英的衍射峰都非常弱。研究认为可能是由于此温度下氧化产物出现了大量的液相,造成 $Dy_2Si_2O_7$ 溶入液相。SmE2 陶瓷的氧化过程随氧化温度的变化关系与 DyE2 相同,不同的是它的氧化产物主要为 $SmAlO_3$ 和莫来石。表 9.3 列出了不同稀土掺杂 α-SiAlON 陶瓷经 1 100 ~ 1 300 ℃温度氧化 32 h 后材料表面的相组成。

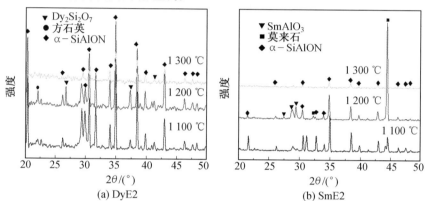

图 9.18　DyE2 和 SmE2 陶瓷在 1 100 ~ 1 300 ℃下氧化 32 h 的 XRD 图谱

表 9.3　不同稀土掺杂 α-SiAlON 陶瓷经 1 100 ~ 1 300 ℃氧化 32 h 氧化层的相组成[6]

组分	氧化结晶相		
	1 100 ℃	1 200 ℃	1 300 ℃
NdE2	$NdAlO_3$,莫来石,方石英	$NdAlO_3$,莫来石,方石英	$NdAlO_3$,莫来石,方石英
NdE0	$NdAlO_3$,莫来石,方石英	$NdAlO_3$,莫来石,方石英	$NdAlO_3$,莫来石,方石英
SmE2	$SmAlO_3$,方石英	$SmAlO_3$,方石英	$SmAlO_3$,方石英
DyE2	$Dy_2Si_2O_7$,方石英	$Dy_2Si_2O_7$,方石英	$Dy_2Si_2O_7$,方石英
YbE2	$Yb_2Si_2O_7$,莫来石,方石英	$Yb_2Si_2O_7$,莫来石,方石英	$Yb_2Si_2O_7$,莫来石,方石英

3. 氧化表面 SEM 观察

不同稀土掺杂的 α-SiAlON 陶瓷经 1 100 ℃氧化 24 h 后样品表面的 SEM 形貌如图 9.19 所示。各组分之间的氧化产物形貌差异很大。图

9.19(a)、9.19(c)组分中的析出物主要是稀土硅酸盐晶粒 $RE_2Si_2O_7$,图9.19(b)、(d)、9.19(e)组分中主要是稀土铝酸盐晶粒 $REAlO_3$。在 DyE2 表面氧化的稀土-硅酸盐晶粒表现为雪花状,而在 Nd10、SmE2、NdE2 氧化表面则存在一些形状规则的管状稀土铝酸盐晶粒,YbE2 氧化表面却为相互交织在一起的树枝状或针状稀土硅酸盐晶粒。由图 9.19 还可以看出稀土铝酸盐晶粒明显比稀土硅酸盐晶粒大。

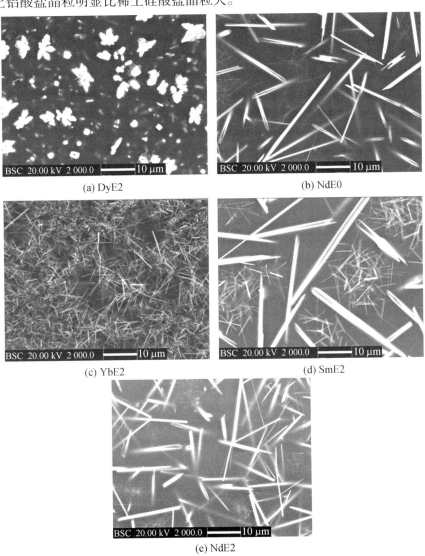

(a) DyE2

(b) NdE0

(c) YbE2

(d) SmE2

(e) NdE2

图 9.19　α-SiAlON 陶瓷经 1 100 ℃氧化 24 h 后样品表面的 SEM 形貌[6]

图 9.20 是 DyE2 氧化表面 EDS 能谱分析。氧化表面除生成了晶态稀土硅酸盐或铝酸盐相外,还存在大量的富硅非晶相。硅酸盐晶体颗粒的 Dy^{3+} 含量明显高于基体中 Dy^{3+} 的含量。由此可推断,在氧化过程中,Dy^{3+} 由基体向表面扩散,并且在氧化层中积累,最终沉淀出了硅酸盐晶体。氧化层中结晶相的多少影响氧化层的组成及性质,最终将影响到材料整体的抗氧化性。

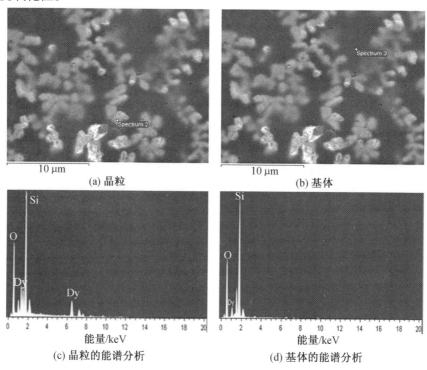

(a) 晶粒　　　　　　　　　　(b) 基体

(c) 晶粒的能谱分析　　　　　(d) 基体的能谱分析

图 9.20　DyE2 氧化表面 EDS 能谱分析[6]

1 100 ℃ 下氧化反应的驱动力较低,因此氧化首先发生在晶界或者缺陷等位置。随着时间的延长,在材料表面逐渐形成致密氧化膜,能快速愈合气孔和微裂纹,从而有效地阻止氧对材料的进一步侵蚀。此阶段的氧化增重十分缓慢,氧化进程主要受氧化反应控制。

图 9.21 是稀土掺杂 α-SiAlON 陶瓷经 1 200 ℃ 氧化 24 h 后样品表面的 SEM 形貌,材料表面已经形成致密的氧化膜。氧化产物硅酸盐或铝酸盐晶粒明显长大,形状与 1 100 ℃ 氧化产物有很大差异,主要为长轴状或四方状的晶粒。研究发现,不同温度和时间条件下形成的氧化产物的形貌主要与其周围的玻璃相介质的黏度及稀土的浓度有关。晶体沿不同晶向

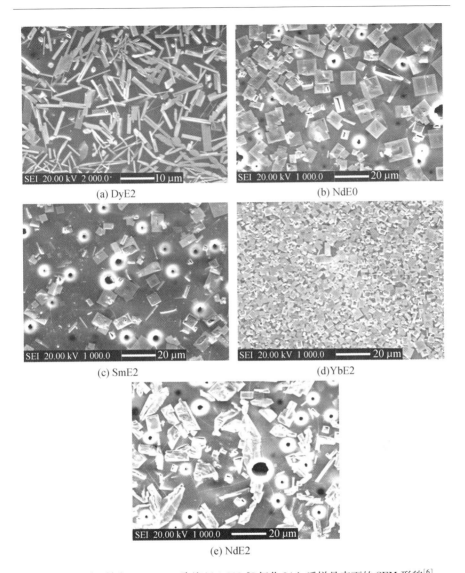

(a) DyE2

(b) NdE0

(c) SmE2

(d)YbE2

(e) NdE2

图 9.21　稀土掺杂 α-SiAlON 陶瓷经 1 200 ℃ 氧化 24 h 后样品表面的 SEM 形貌[6]

的原子排列差异导致各晶面的能量不同,低能量的密排面总是优先生长,因此出现各向异性。此外,在玻璃态的氧化表面层存在微裂纹,其来源可能是结晶态氧化产物的生长应力或冷却过程中产生的热应力。如果是生长应力引起的微裂纹,那么这种微裂纹将会随着氧化产物的体积增大而增多。随着氧化时间的延长,氧化层微裂纹并没有减少,可见这些裂纹是由于冷却过程中,氧化产物与基体之间的热失配造成的。

　　NdE2、NdE0 及 SmE2 氧化层内存在一定量的气孔，这是产物 N_2 的逸出造成的。然而 YbE2 和 DyE2 氧化表面没有观察到气孔，说明其生成的表层玻璃的黏度高于 NdE2、NdE0 和 SmE2。当温度提高到 1 300 ℃ 时，YbE2 和 DyE2 中也产生了许多气泡。通过 XRD 物相分析结果可知，在所选用的 4 种稀土添加剂中，Nd^{3+} 的离子半径最大，不易进入晶格而残留在晶界内，较高含量的烧结液相，在冷却过程中形成了晶间相。这些晶间相为氧扩散提供了通道，并促使稀土离子不断向表面层偏析。所以在所有材料中，NdE2 和 NdE0 两种材料的初始氧化速度最快。

　　离子场强（CFS）对材料的氧化过程也有影响[7]，离子场强增大，相邻离子的扩散速度减慢，氧化产物硅酸盐或铝酸盐的稳定性和熔点提高。离子场强可通过如下公式进行计算[8]

$$CFS = Z/r^2$$

式中　Z——化合价；

　　　r——稀土离子半径。

　　Yb^{3+}、Dy^{3+}、Nd^{3+}、Sm^{3+} 这四种离子的半径分别为 0.086 nm、0.091 nm、0.1 nm 和 0.096 nm，它们对应的场强分别为 $405/nm^2$、$362/nm^2$、$300/nm^2$、$325/nm^2$。由于离子场强的因素，随着稀土离子半径的减小，稀土硅酸盐或铝酸盐玻璃的相转变和软化温度都得到提高，这与本研究所观察到的稀土类型对 α-SiAlON 抗氧化性的影响规律是一致的。DyE2 和 NdE2 两种材料，Dy^{3+} 的场强大于 Nd^{3+} 的场强。XRD 分析结果表明，DyE2 的氧化产物 $Dy_2Si_2O_7$ 的含量相对于 NdE2 的氧化产物 $NdAlO_3$ 的含量要低得多。可见，以 $NdAlO_3$ 形式存在的富 Nd 区域比以 $Dy_2Si_2O_7$ 形式存在的富 Dy 区域更普遍。导致这种不同的原因是 Nd^{3+} 从 α-SiAlON 基体向氧化层扩散的速率比 Dy^{3+} 的扩散速率高。

　　氧化产物的结晶速率也是影响氧化进程的重要因素。在 1 200 ℃ 下，NdE2 氧化层主要以液相形式存在，而 YbE2 已被结晶硅酸盐覆盖。晶相与玻璃之间的界面提供了氧扩散通道，因此更高的晶化速率在 Yb 试样中发生。

　　氧穿过氧化层向内扩散的同时，稀土离子向氧化层中扩散。这就在氧化层内形成了成分梯度，至少在氧化初期如此。氧化产物结晶降低了周围玻璃相的黏度。可见，一方面氧化产物结晶限制了氧化速率；另一方面，由于液相黏度的降低又将使氧扩散速度增加。因此，最终的氧化速度是由这两种相反的趋势相对比的结果。

　　影响材料氧化性能的另一个因素是其显微组织中的玻璃相。玻璃相是氧向内扩散和稀土离子向外扩散的重要通道。NdE2 与 Nd10 相比,含有较多的玻璃相,因此,在最终的氧化增重上前者比后者高。反过来说,材料显微组织中的玻璃相能够缓解内应力;液相氧含量的提高使其软化温度降低,起到了松弛和消除应力的作用,对于减少显微裂纹有正面作用。

　　稀土掺杂 α-SiAlON 陶瓷经 1 200 ℃氧化 32 h 后样品表面的 SEM 形貌如图 9.22 所示。可以看出,随着氧化时间的增长,稀土硅酸盐或铝酸盐等氧化产物,以及裂纹和气孔在不断的增多和增大。氧化液相产物的黏度随温度的升高而降低,大大降低了 O_2 及稀土离子的外扩散阻力,因此促使了氧化反应的加速进行。图 9.22 所示的微裂纹是在冷却过程中产生的,当温度再次升高时微裂纹将迅速弥合,因此不影响复合材料的高温氧化速率。

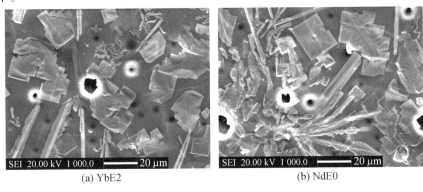

(a) YbE2　　　　　　　　　　(b) NdE0

图 9.22　稀土掺杂 α-SiAlON 陶瓷经 1 200 ℃氧化 32 h 后样品表面的 SEM 形貌

　　图 9.23 是稀土掺杂 α-SiAlON 陶瓷 1 300 ℃氧化 24 h 后样品表面的 SEM 形貌。照片显示两种材料在 1 300 ℃下严重氧化,表面被玻璃相覆盖,其上分布大量气泡和少量结晶态氧化产物。这是因为当温度足够高时(接近稀土硅酸盐或铝酸盐的熔点),表面出现大量的液态玻璃,N_2 逸出形成气泡。在 1 300 ℃下氧化时,原本析晶的稀土硅酸盐或铝酸盐晶粒再次溶入液相,XRD 图谱上仅存高熔点的 SiO_2。

4. 氧化截面的 SEM 观察

　　图 9.24 为 NdE2 材料在 1 200 ℃下氧化 24 h 后截面的线扫描分析。图 9.24(b)为四种元素含量随距离氧化表面深度的变化。Si、Al 两种元素在氧化层和过渡层中的含量,比基体中的含量低;而 O 含量则是在氧化层中最高,然后从过渡层到基体逐渐降低,直到基体中保持不变。Nd 元素和

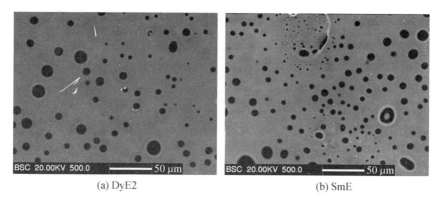

(a) DyE2   (b) SmE

图 9.23　稀土掺杂 α-SiAlON 陶瓷经 1 300 ℃下氧化 24 h 后样品表面的 SEM 形貌

O 元素基本一致,都是在氧化层中含量最高,在过渡层中 Nd 含量较低,在基体中则基本保持不变。其余组分的线扫描分析规律与 NdE2 一致。

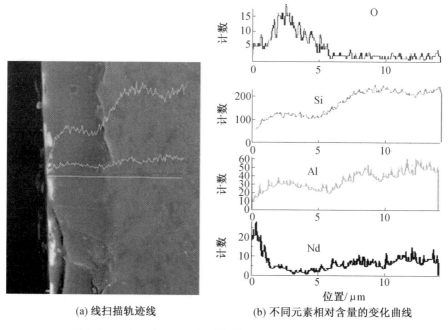

(a) 线扫描轨迹线   (b) 不同元素相对含量的变化曲线

图 9.24　NdE2 在 1 200 ℃下氧化 24 h 后截面的线扫描分析

通过上述分析可知,表面氧化层的形成受到了 Nd^{3+}、Yb^{3+}、Sm^{3+}、Dy^{3+} 等稀土离子扩散影响,由于氧化层中稀土离子的含量要高于基体,那么在氧化过程中,氧化层与基体的交界处稀土离子将会向氧化层偏析,随着氧化的不断进行形成了稀土硅酸盐或铝酸盐玻璃。

图 9.25 为 1 100 ℃ 下氧化 16 h 的氧化层厚度的 SEM 照片。可见，DyE2 和 YbE2 几乎不存在氧化层，而 NdE2、SmE2、NdE0 的氧化层非常致密而且非常薄，只有 1~3 μm。这是因为 Nd 和 Sm 离子半径大，而且含有

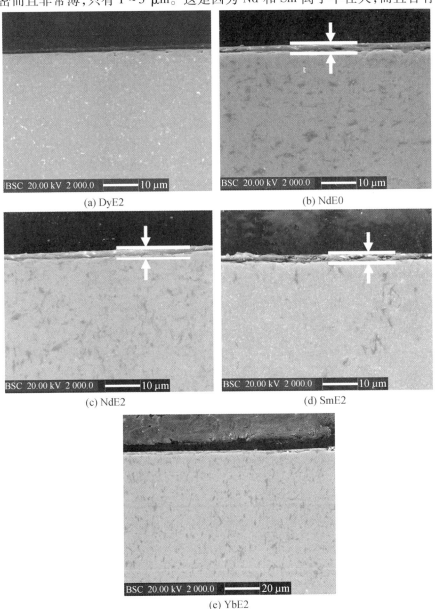

(a) DyE2

(b) NdE0

(c) NdE2

(d) SmE2

(e) YbE2

图 9.25　1 100 ℃ 下氧化 16 h 的氧化层厚度的 SEM 照片

较多的液相,最容易进入氧化层,与前面分析的结果是一致的。前文提到氧化初期的氧化主要受化学反应控制;结合图9.17所示的氧化增重曲线,在这一阶段氧化增重主要呈线性增长。可见材料的这层氧化膜对基体起到了一定的保护作用。

图9.26为1 100 ℃下氧化32 h的氧化层厚度的SEM照片。可以看出随着氧化时间的增长,稀土离子不断向氧化层偏析,使得硅酸盐或铝酸盐等氧化产物的含量不断增多,1 100 ℃下氧化16 h没有氧化膜的DyE2和YbE2在氧化32 h后也生成了连续氧化膜,氧化进程受氧化反应和扩散混合控制。NdE2、NdE0和SmE2氧化初期的离子的偏析,已形成了致密氧化膜,O₂扩散变得困难,因而氧化速度反而降低,氧化层厚度与1 100 ℃下氧化16 h相比几乎没有变化,氧化进程逐渐由扩散和氧化反应混合控制过渡到以扩散为主、氧化反应为辅的控制机制。

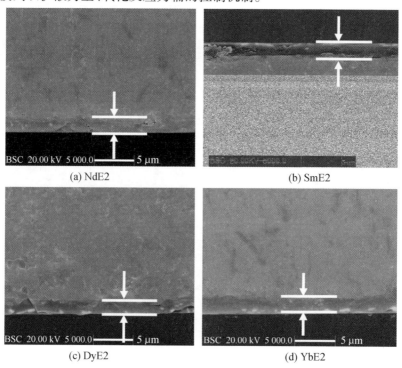

图9.26 1 100 ℃下氧化32 h的氧化层厚度的SEM照片

图9.27为材料经1 200 ℃氧化24 h后的氧化层厚度的SEM照片。可以看出随着氧化温度的增加,氧化层厚度也在增加,主要是因为高温下稀土硅酸盐或铝酸盐液相黏度降低,导致氧的内扩散和稀土离子的外扩散

相对轻松。

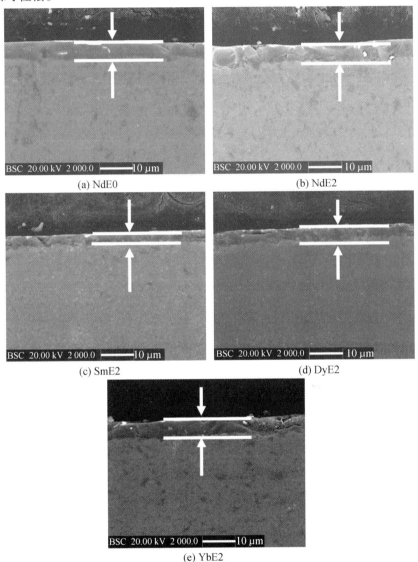

(a) NdE0

(b) NdE2

(c) SmE2

(d) DyE2

(e) YbE2

图 9.27　1 200 ℃下氧化 24 h 后的氧化层厚度的 SEM 照片

图 9.28 为材料经 1 300 ℃氧化 32 h 后的氧化层厚度的 SEM 照片。随着氧化温度的继续提高,氧化时间的延长,氧化膜厚度达到了 20 μm 以上。并且 1 300 ℃下的氧化膜出现了空洞,不再像 1 200 ℃、1 100 ℃时氧化膜那样保持连续均匀,这是由 N_2 通过低黏度液相排出而造成的。

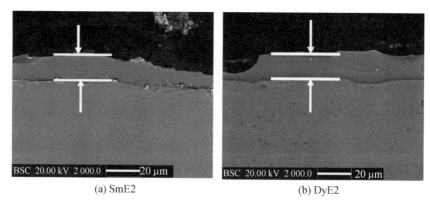

(a) SmE2　　　　　　　　　(b) DyE2

图 9.28　1 300 ℃ 下氧化 32 h 后的氧化层厚度的 SEM 照片

氧化截面形貌具有以下特点:一是氧化层结构分明,由于稀土离子浓度的梯度变化,氧化层与基体的变化泾渭分明,而氧化层与过渡层之间的过渡不明显;二是氧化层比较致密,厚度均匀而连续。这是由于基体材料比较致密,氧化反应均匀发生的缘故;三是低温下形成的氧化层成透明状,而 1 300 ℃ 下形成的氧化层则未表现出透明状,而且厚度出现不连续。

综上所述,不同稀土掺杂 α−SiAlON 材料的高温氧化与表面膜密切相关。氧化膜的主要作用有三个方面:一是抑制氧扩散;二是促使稀土从基体向氧化层偏析,并不断析晶;三是愈合表面缺陷或微裂纹。

图 9.29 为不同稀土掺杂 α−SiAlON 陶瓷在 1 100～1 300 ℃ 下氧化不同时间氧化层厚度的变化图。从图中可以直观地看出,随着氧化时间的延长,氧化层厚度增加,尤其以 NdE0 和 NdE2 最为明显。在低温下 NdE0 和

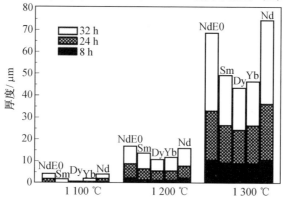

图 9.29　不同稀土掺杂 α−SiAlON 陶瓷在 1 100～1 300 ℃
下氧化不同时间氧化层厚度的变化图

NdE 氧化层厚度差不多,而在高温下 NdE2 比 NdE0 的高,因而高温下抗氧化性前者比后者差。

在同样条件下,DyE2 具有最低的氧化层厚度,说明它具有最好的抗氧化性。SmE2 和 YbE2 氧化层厚度相差不大。通过比较可以得出,氧化层厚度由大到小的顺序为:NdE2、NdE0、SmE2、YbE2、DyE。这与稀土类型对抗氧化能力的影响是一致的。

9.1.3 高熔点 Lu_2O_3 掺杂 α-SiAlON 的氧化行为

1. 氧化增重

图 9.30 为 Lu_2-α-SiAlON 陶瓷在 1 100 ~ 1 300 ℃下氧化不同时间的增重曲线。可以看出在任一温度下,随着氧化时间延长,氧化增重量增加,但增重的幅度略有下降。此外,氧化增重随氧化温度的变化趋势也很明显。在 1 100 ℃下,所有的 Lu-α-SiAlON 陶瓷的氧化增重都不显著,随着氧化温度的升高,增重量逐渐增加,到 1 300 ℃下氧化 32 h 后,氧化最严重的 LuE4 陶瓷最高增重量也只有 0.65 mg/cm^2,而 LuE2 抗氧化性最好,只有 0.5 mg/cm^2,LuE6 陶瓷次之,为 0.58 mg/cm^2,较常用的 Y-α-SiAlON、Yb-α-SiAlON、Dy-α-SiAlON、Sm-α-SiAlON 及 Nd-α-SiAlON 陶瓷低很多,即使抗氧化能力最好的 Yb-α-SiAlON 氧化增重也达到了 1.5 mg/cm^2。该结果也进一步说明添加剂含量影响材料的抗氧化性能,这可能是由于添加剂含量的变化引起晶间相含量变化以及 α-SiAlON 相的溶解度变化等。

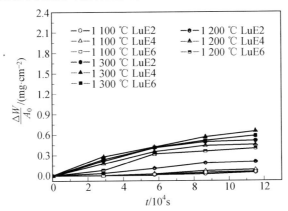

图 9.30 Lu-α-SiAlON 陶瓷在 1 100 ~ 1 300℃下氧化不同时间的增重曲线[3]

材料的抗氧化性主要与材料体系的成分以及晶间相的含量、成分和晶化能力有关,Lu-α-SiAlON 陶瓷由于掺杂了高熔点 Lu_2O_3 作为烧结助剂,其抗氧化性明显好于其他材料。Si_3N_4 基陶瓷在氧化过程中,一般认为其氧化层长大受扩散控制,氧化动力学过程通常被解释为抛物线形,遵循抛物线形速率规律。图 9.31 为 Lu-α-SiAlON 陶瓷在 1 300 ℃下氧化增重的平方值与时间的关系曲线。直线表明了 α-SiAlON 陶瓷的氧化动力学遵循抛物线规律的程度较好。

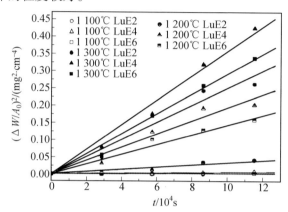

图 9.31 Lu-α-SiAlON 陶瓷在 1 300 ℃下氧化增重的平方值与时间的关系曲线[8]

不同稀土含量 Lu-α-SiAlON 陶瓷氧化速率常数 k,由图 9.31 中直线的斜率获得,列于表 9.4 中,同时表中还列出了 α-SiAlON 陶瓷各温度下氧化 32 h 后总的氧化增重量。在 1 100 ℃较低温度下,Lu-α-SiAlON 陶瓷的氧化速率常数很低,只有 $(1.3 \sim 5) \times 10^{-8}$ mg²/(cm⁴·s),随着氧化温度升高,氧化速率常数增大,当温度达到 1 300 ℃时,氧化速率常数为 $(2.5 \sim 3.6) \times 10^{-6}$ mg²/(cm⁴·s)。

表 9.4 α-SiAlON 陶瓷不同温度下的氧化增重及速率常数[3]

材料	氧化温度 /℃	速率常数×10^{-6} /(mg²·cm⁻⁴·s⁻¹)	单位面积总增重 /(mg·cm⁻²)
LuE2	1 100	0.013	0.048
	1 200	0.337	0.20
	1 300	2.513	0.51
LuE4	1 100	0.051	0.085
	1 200	1.928	0.45
	1 300	3.591	0.65
LuE6	1 100	0.019	0.052
	1 200	1.427	0.40
	1 300	2.926	0.58

α–SiAlON 陶瓷的抗氧化性能与其掺杂的稀土阳离子的离子场强有密切的关系。离子场强通常定义为离子化合价与其半径的平方的比值,用它能够有效地测量稀土阳离子与相邻其他离子之间的相互连接作用。离子场强越高,离子间的相互作用越强,材料的热性能和机械性能也就越好[8]。离子场强也影响离子扩散、相稳定性、硅酸盐和铝酸盐连续相的熔点和黏度等。场强增加,即离子半径越小,离子扩散速率越低,相稳定性以及硅酸盐和铝酸盐的难溶度越高。这种趋势同 α–SiAlON 的抗氧化性是一致的。实际上,含有稀土的硅铝酸玻璃随着离子半径的减小,其玻璃转变温度升高,黏度增大。

2. Lu–α–SiAlON 陶瓷氧化表面的相组成及组织结构

不同含量 Lu_2O_3 掺杂 Lu–α–SiAlON 陶瓷在空气中 1 300 ℃ 下氧化 32 h 后氧化表面的 XRD 图谱如图 9.32 所示。虽然添加过量的 Lu_2O_3 含量不同,但是原始热压烧结态的 Lu–α–SiAlON 陶瓷的物相组成相同,只是晶间相 J′ 的含量存在差异,因而在它们的氧化表面,物相构成也极为相似,XRD 检测结果显示只存在 $Lu_2Si_2O_7$、α–SiAlON 和少量莫来石的衍射峰。

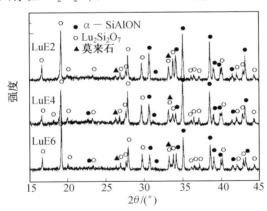

图 9.32　不同含量 Lu_2O_3 掺杂 Lu–α–SiAlON 陶瓷在 1 300 ℃
下氧化 32 h 后氧化表面的 XRD 图谱[3]

上述物相分析表明不同含量 Lu_2O_3 掺杂 Lu–α–SiAlON 陶瓷的氧化表面的晶相构成相同,然而氧化表面观察显示它们的高温氧化程度存在明显的差异,如图 9.33 所示。在材料的氧化表面可以观察到大量的气泡引起的氧化层表面翘起,其中 LuE4 陶瓷的氧化程度明显严重于 LuE2 和 LuE6 陶瓷,许多大气泡都已破碎。而 LuE2 和 LuE6 陶瓷的氧化表面相对比较平坦,氧化表层翘起的程度较轻微,气泡的尺寸也较小。

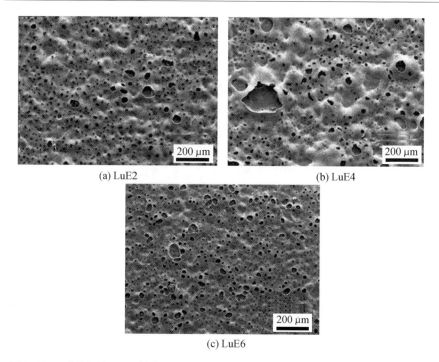

(a) LuE2   (b) LuE4

(c) LuE6

图9.33 不同含量 Lu_2O_3 掺杂 Lu-α-SiAlON 陶瓷在 1 300 ℃下氧化 32 h 后氧化表面的 SEM 图像[3]

由于三种不同含量 Lu_2O_3 掺杂 Lu-E4 陶瓷随着氧化温度或氧化时间的变化趋势相同,因此,在后面的分析中,将不再对三种成分的 Lu-α-SiAlON陶瓷的氧化行为逐一讨论,而是选择某一或两种 Lu_2O_3 含量的 Lu-α-SiAlON 陶瓷为例进行研究,探讨其氧化行为。

图9.34 示出了 Lu-E4 陶瓷在不同温度下氧化 32 h 后的表面形貌。在 1 100 ℃下氧化,试样表面平坦,仍然保持氧化前表面的光洁度,宏观上基本看不到任何氧化痕迹,事实上,电镜下观察发现其氧化表面已有一些灰色反应物生成并伴有极少量的白色相;升高氧化温度到 1 200 ℃,试样的氧化表面仍很平整,但已有少量的气孔出现,少量白色相析出;进一步升高氧化温度到 1 300 ℃,试样的氧化表面产生大量气孔,并且伴有很多大气泡在氧化层表面破裂后形成的孔洞(参看图 9.34(b)),表面粗糙不平,大量的白色反应相生成。

将 Lu-α-SiAlON 陶瓷在 1 300 ℃下氧化 32 h 的氧化表面气泡破裂处进一步放大(图 9.35(a)、9.35(b)),可以看到在略为鼓起的氧化层上有破裂后留下的洞,在灰色氧化层表面覆盖有大量的白色析晶相,图

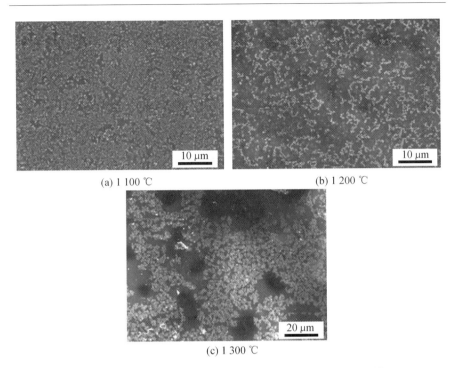

(a) 1 100 ℃   (b) 1 200 ℃

(c) 1 300 ℃

图 9.34   LuE4 陶瓷在不同温度下氧化 32 h 后的表面形貌[3]

9.35(b)显示了白色析晶相的放大形貌,它们的形状不规则。对该白色晶粒进行 EDS 分析(图 9.35(c)),结果显示该相主要由 Si、Lu 和 O 共三种元素构成,结合 XRD 分析表明此相为 $Lu_2Si_2O_7$。对氧化表面的灰色连续相进行成分分析(图 9.35(d)),发现只含有 Si、Al 和 O,且 Si 和 O 的含量很高,而 Al 的含量较低,可能为 SiO_2 相,其中溶有少量基体向氧化层扩散出来的 Al^{3+}。在氧化表面没有观察到莫来石相,可能是由于其含量低而且它的衬度同氧化层基体相近引起的。图 9.35(e)则示出了图 9.35(a)的孔洞内部的形貌,可以看到在平滑致密的氧化层上有许多尺寸在 3~4 μm 的小气孔,这主要是由于氧化时 N_2 的逸出引起的;同时还能看到一些翘起的氧化层破裂掉落的碎片。

不同温度对 LuE4 陶瓷氧化表面相组成的影响示于图 9.36。从中可以看出,当氧化温度为 1 100 ℃时,氧化表面的相组成与原始烧结态陶瓷的相近,主要由 α-SiAlON 构成,晶间相 J′ 的衍射峰减少,少量的 $Lu_2Si_2O_7$ 和莫来石的衍射峰出现。随着氧化温度升高到 1 200 ℃,陶瓷中的晶间相 J′ 完全消失,同时 α-SiAlON 相的衍射峰数量减少,强度降低;而含有稀土的硅酸盐相 $Lu_2Si_2O_7$ 的衍射峰逐渐增多,强度增大。进一步升高氧化温度

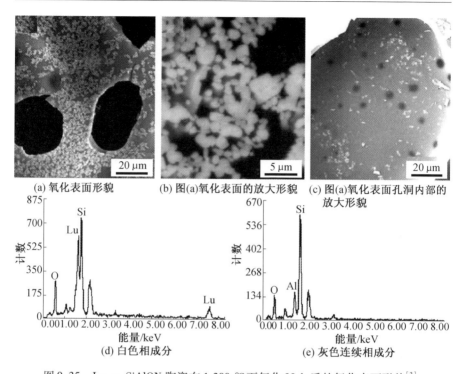

(a) 氧化表面形貌　　　(b) 图(a)氧化表面的放大形貌　　(c) 图(a)氧化表面孔洞内部的放大形貌

(d) 白色相成分　　　　　　　　　(e) 灰色连续相成分

图 9.35　Lu-α-SiAlON 陶瓷在 1 300 ℃下氧化 32 h 后的氧化表面形貌[3]

到 1 300 ℃，氧化表面主要由 $Lu_2Si_2O_7$ 相构成。这与组织观察结果是一致的。

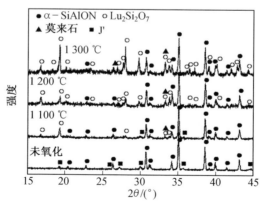

图 9.36　LuE4 陶瓷在 1 100 ~ 1 300 ℃下氧化 32 h 后的氧化表面 XRD 分析图谱[3]

LuE2 陶瓷在 1 300 ℃下氧化 8 ~ 32 h 后氧化表面的 XRD 分析图谱如图 9.37 所示。在高温下氧化，即使保温时间只有 8 h，已经检测到大量的

$Lu_2Si_2O_7$ 和少量莫来石的衍射峰,而晶间相 J′的衍射峰则完全消失,随着氧化时间延长,$Lu_2Si_2O_7$ 的衍射峰强度增加。此外,在氧化时间为 8 h 条件下发现有 Lu_2SiO_5 相生成,随着氧化时间的延长又逐渐消失,到 32 h 时已完全消失,这一原因将在后面氧化机理的讨论中加以详述。而在 1 100 ℃ 和 1 200 ℃ 下氧化后没有检测到 Lu_2SiO_5 相的衍射峰,说明该相可能只有在 1 300 ℃ 较高温度下才能存在。

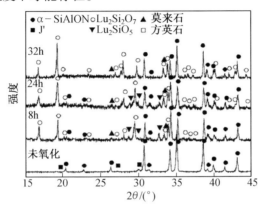

图 9.37　LuE2 陶瓷在 1 300 ℃ 下氧化 8 ~ 32 h 后氧化表面的 XRD 分析图谱[3]

图 9.38 显示了 1 300 ℃ 下氧化时间对 LuE2 陶瓷氧化表面微观组织的影响。高温下氧化,其表面均失去原有的光洁度,呈粗糙不平,与之前观察的一样,可以看到上面布满了白色的 $Lu_2Si_2O_7$ 相。即使氧化时间只有 8 h,氧化表面上也已有少量气泡,随着氧化时间的延长,气泡增多,氧化层鼓起的程度增大,一些气泡由于氧化程度加重而破裂。

3. Lu–α–SiAlON 陶瓷氧化试样的断面组织

图 9.39 示出了 LuE6 陶瓷在不同条件下氧化的断面形貌及元素的线扫描分析。

在 1 100 ℃ 下氧化 32 h,断面没有任何变化,基本没有氧化层。当氧化温度升高到 1 200 ℃ 保温 32 h 时,断面仍然没有氧化层形成,但可以明显看到一个 4 ~ 5 μm 厚的过渡层形成,即成分消耗区(DepletedScale,用 DP 表示,以下同),如图 9.39(b)所示,其元素分布线扫描如图 9.39(f)所示。从成分分布图谱可以发现,由基体内部向氧化表面,所有的元素都呈现一个或增或减的变化趋势,O 元素由基体内部较低的含量逐渐递增,而 N 元素则逐渐递减,表明氧化导致基体内的 N 逐渐向外扩散,而外部空气中的 O 逐渐向基体扩散的过程,同时 Al 元素和稀土 Lu 元素也逐渐向表面扩散,并在表面处形成少量的含有稀土的硅酸盐和莫来石相,而且 N 的向

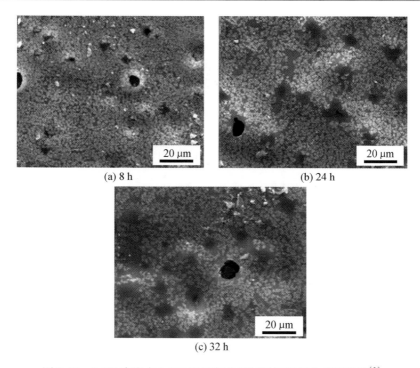

(a) 8 h　　　　　　　　　　(b) 24 h

(c) 32 h

图 9.38　LuE2 陶瓷在 1 300 ℃下氧化不同时间后氧化表面形貌[3]

外扩散也造成了氧化表面平整度下降,显示出气体逸出引起的微坑(参见图9.39(b))。

　　进一步升高氧化温度到 1 300 ℃,在 LuE6 试样的断面明显看到氧化层的出现,如图 9.39(c)～(e)所示。当氧化时间较短时,氧化层很致密,厚度较小,只有 4 μm 左右;延长氧化时间,氧化层厚度增加,氧化 32 h 后氧化层厚度约为 11 μm,在氧化层内可以看到气孔以及气泡破裂后遗留的孔洞。此外,在氧化层和基体之间还存在一个过渡层,它与氧化层和基体结合都很致密,在过渡层内明显看出稀土元素的减少。图 9.39(g)为 LuE6 陶瓷在 1 300 ℃下氧化 24 h 的断面各元素线扫描分析图谱,与图 9.39(f)所显示的线扫描分析图谱存在明显的差异,可以看出各元素在氧化层的含量近乎稳定。在氧化层处,O 元素含量很高,在通过氧化层进入过渡层过程中逐渐降低,到基体时 O 含量不再变化,N 元素和 Lu 元素的含量都很低,对氧化层进行成分分析,其能谱与图 9.35(d)相同,发现氧化层内没有 N 和 Lu 元素,含有少量的 Al 和大量的 Si,这与线扫描分析结果是一致的。成分分析表明氧化层主要由铝硅酸盐构成。在消耗层,N 含量有一个先升后降的过程,而 Lu 呈现降低的趋势,表明了扩散过程的发生。

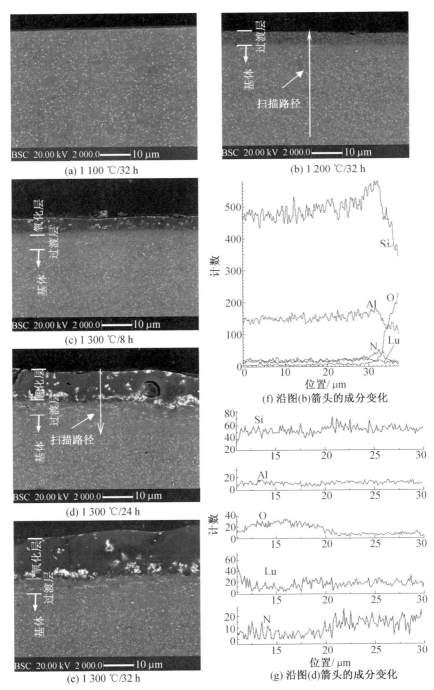

图 9.39 LuE6 陶瓷在不同条件下氧化后的断面形貌及元素的线扫描分析

图 9.40 为 LuE2 和 LuE4 陶瓷在 1 300 ℃下氧化 8 h 后的断面形貌,氧化层、过渡层以及基体之间的连接均较致密,这与 LuE6 陶瓷的断面组织观察相同(参见图 9.39(c))。随着过量 Lu$_2$O$_3$含量的增加,过渡层厚度变化不大,氧化层厚度增加,氧化层的致密化稍有下降,气孔及其破裂留下的孔洞增加,在过量 Lu$_2$O$_3$ 的质量分数为 4% 的 LuE4 陶瓷中最为严重,进一步增加 Lu$_2$O$_3$质量分数到 6% 时,氧化程度减弱,这与表面组织观察的结果是一致的。

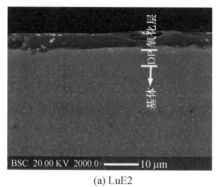
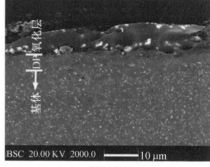

(a) LuE2　　　　　　　　　　(b) LuE4

图 9.40　LuE2 和 LuE4 陶瓷在 1 300 ℃下氧化 8 h 后的断面形貌[8]

9.1.4　小尺寸稀土复合掺杂 α-SiAlON 的氧化行为

1. 氧化增重规律

图 9.41 为 Sc^{3+}、Lu^{3+}复合掺杂 α-SiAlON 陶瓷在 1 100 ~ 1 300 ℃下氧化后单位面积增重量以及$(\Delta W/A_0)^2$与时间的关系曲线。可以看出,ScLu-α-SiAlON 陶瓷的氧化增重随温度升高也是升高的,在 1 300 ℃氧化 32 h 最高增重量为 0.68 mg/cm^2,与 LuE4 陶瓷相近。说明所有 Lu^{3+}掺杂的 α-SiAlON 陶瓷,无论是单一掺杂还是与 Sc^{3+}复合掺杂,经过 1 300 ℃氧化 32 h 后,单位面积增重量都为 0.5 ~ 0.68 mg/cm^2。而 ScLu-α-SiAlON 由于复合掺杂,内部含有少量 β-SiAlON 相和其他相,导致整体抗氧化性略差,但仍比 Yb-α-SiAlON 抗氧化。

2. 氧化产物的物相构成

图 9.42 示出了 ScLu-α-SiAlON 陶瓷在 1 100 ~ 1 300 ℃下,氧化不同时间后,氧化表面的相组成的 XRD 图谱。同单一 Lu^{3+}稳定 α-SiAlON 陶瓷氧化表面相组成的变化趋势相似。氧化时间均为 32 h 的相同条件下,在 1 100 ℃下氧化,陶瓷表面仍以 α-SiAlON 相为主,并含有少量的β-SiAlON

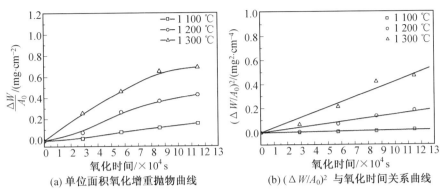

(a) 单位面积氧化增重抛物曲线　　(b) $(\Delta W/A_0)^2$ 与氧化时间关系曲线

图 9.41　ScLu-α-SiAlON 陶瓷不同温度下单位面积氧化增重及氧化增重的平方值
　　　　与时间的关系曲线[9]

相及氧化析出的 $(Sc,Lu)_2Si_2O_7$。升高氧化温度到 1 200 ℃，$(Sc,Lu)_2Si_2O_7$ 的
衍射峰增多，衍射峰的强度升高，并伴有少量的 SiO_2 晶相出现。继续升高
氧化温度到 1 300 ℃，除了 $(Sc,Lu)_2Si_2O_7$ 和基体 α-SiAlON 相外，SiO_2 相已
作为主要氧化产物出现在氧化表面，同时少量的莫来石出现。在高温下，
ScLu-α-SiAlON 陶瓷的氧化表面出现 SiO_2 相和莫来石，这与 Lu-α-SiAlON
陶瓷表面氧化产物不同，可能是 ScLu-α-SiAlON 陶瓷相对 Lu-α-SiAlON
来说更易氧化的缘故。这两相的出现与以往其他体系氧化研究所得的结
果是一致的。在高温 1 300 ℃下，分别氧化 8 h 和 24 h 后，在氧化表面的
XRD 图谱中可以观察到 $(Sc,Lu)_2SiO_5$ 的衍射峰出现，而在氧化 32 h 后，该
相消失，这与 Lu-α-SiAlON 研究中检测到 Lu_2SiO_5 衍射峰这一结果是相同
的。

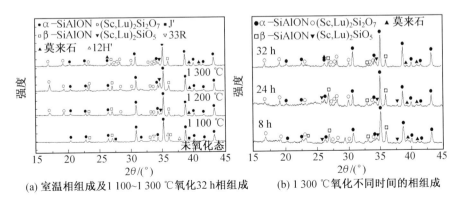

(a) 室温相组成及 1 100~1 300 ℃氧化 32 h 相组成　　(b) 1 300 ℃氧化不同时间的相组成

图 9.42　ScLu-α-SiAlON 陶瓷氧化表面相组成的 XRD 图谱[9]

163

3. 氧化表面与断面形貌

图 9.43 示出了 ScLu-α-SiAlON 陶瓷在 1 300 ℃下氧化后的表面与断面形貌及氧化产物的成分图谱。在高温 1 300 ℃氧化时，即使时间较短，氧化表面也已出现气孔，并伴有气泡破裂；随着氧化时间增长，氧化程度增加，大量的气孔产生，同时留下很多气泡破裂后的洞。在放大的氧化表面上有大量的白色结晶相，它们的形状不一，结晶相多数呈规则的小方片状，还有少许尺寸较小且形状不规则。图 9.43(c)和 9.43(d)分别为白色相 A 和灰色基底 B 的 EDS 图谱，在白色相中含有大量的 Si、O、Lu 和 Sc 四种元素，结合 XRD 分析结果，可以断定该相为含有稀土元素的硅酸盐$(Sc,Lu)_2Si_2O_7$。而连续的灰色相中只含有 Si、Al 和 O，且 Al 的含量很低，该连续相可能是

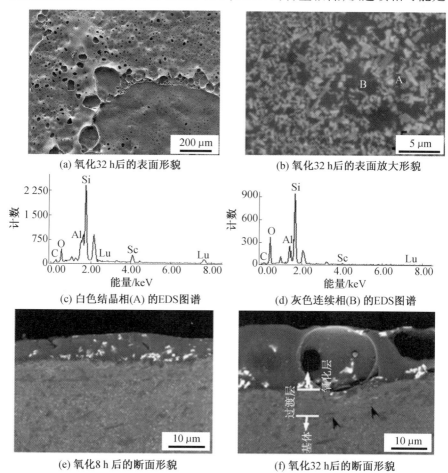

(a) 氧化32 h后的表面形貌　　　　　　(b) 氧化32 h后的表面放大形貌

(c) 白色结晶相(A)的EDS图谱　　　　　(d) 灰色连续相(B)的EDS图谱

(e) 氧化8 h后的断面形貌　　　　　　(f) 氧化32 h后的断面形貌

图 9.43　ScLu-α-SiAlON 陶瓷 1 300 ℃氧化后的表面与断面形貌及氧化产物的成分图谱[9]

溶有少量 Al 的 SiO_2 相。在氧化时间同为 32 h 条件下,氧化温度为 1 100 ℃时,试样表面变化不大,平整度好,少量白色氧化反应物析出;升高氧化温度到 1 200 ℃时,氧化程度增加,可以看到仍旧很平坦的表面上有大量的气孔产生,气孔尺寸很小,没有出现 1 300 ℃高温时的氧化层翘起及气泡破裂的孔洞[3]。

同 Lu-α-SiAlON 陶瓷的氧化程度相比,ScLu-α-SiAlON 陶瓷氧化更严重,也再一次表明 ScLu-α-SiAlON 陶瓷的抗氧化性较 Lu^{3+} 单一掺杂的 α-SiAlON 略差。

从 ScLu-α-SiAlON 陶瓷经 1 300 ℃氧化 8 h 和 32 h 后的断面形貌可见,当氧化时间较短时,氧化层厚度约为 7 μm,随着氧化时间延长,氧化层厚度增加;当氧化时间为 24 h 时,氧化层厚约 10 ~ 15 μm;继续延长氧化时间至 32 h,氧化层厚度几乎保持不变,但在氧化层中可以观察到大气孔以及大气泡破裂后留下的微坑。氧化试样断面观察也进一步显示了 Sc^{3+}、Lu^{3+} 复合掺杂较 Lu^{3+} 单一掺杂 α-SiAlON 陶瓷的氧化层破损严重。ScLu-α-SiAlON陶瓷经 1 300 ℃氧化 8 h 后断面的成分变化曲线,同 Lu-α-SiAlON 陶瓷的元素变化趋势相同,氧化层内几乎不含 Lu 和 Sc 等稀土元素,富含 O 而缺少 N 元素,正是由氧化扩散引起的[3]。

9.1.5 BAS/α-SiAlON 陶瓷材料的氧化行为

1. 差热-热重(TG-DTA)分析

采用热压烧结工艺制备了不同 BAS 含量和不同稀土掺杂的 SiAlON/BAS 复合材料。通过高温氧化试验系统地研究了 BAS 含量和稀土氧化物类型对复合材料抗氧化性能的影响,并探讨了氧化机理。选用成分为 $RE_{1/3}Si_{10}Al_2ON_{15}$(RE = Yb、Y、Dy、Nd)的 α-SiAlON 为研究对象,添加 BAS 促进烧结并且实现复合材料的自韧化。Y-SiAlON 中 BAS 质量分数分别为 5% ~ 15%;其他稀土掺杂的 α-SiAlON,BAS 质量分数都为 5%,本节中简称为 RE5、RE10 或 RE15,数字代表 BAS 质量分数。

热压烧结工艺为 1 900 ℃/30 MPa/1 h,1 900 ~ 1 200 ℃的平均冷却速度为 50 ~ 60 ℃/min,0.4 MPa 高纯 N_2 抑制氮化物分解。选取两个试样 Y5 和 Nd5 在空气气氛下进行差热及热重分析,TG-DTA 曲线如图 9.44 所示。1 200 ℃之前两种材料均没有明显的热效应,TG-DTA 曲线平缓;当温度升高到超过 1 200 ℃时,伴随明显的吸热样品质量增加。以上结果表明 1 200 ℃以下温度基本不发生氧化,1 200 ℃后开始发生剧烈的氧化反应。

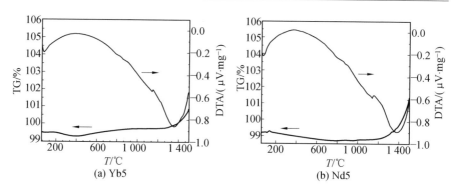

图 9.44　复合材料的 TG-DTA 曲线[10]

2. 氧化增重规律

添加不同含量 BAS 的 Y-SiAlON 陶瓷在 1 100 ~ 1 300 ℃氧化,单位面积增重随时间的变化趋势同 9.1.1 小节中介绍的不加 BAS 的 SiAlON 相似(图 9.45)。但 BAS 含量不同又会使得材料的抗氧化能力不同,其中,材料 Y5 的氧化增重比 Y10 和 Y15 小很多,因而抗氧化性能也明显优于 Y10 和 Y15。

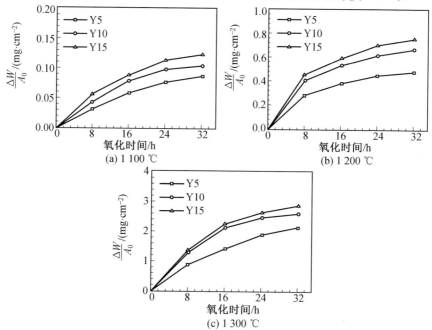

图 9.45　不同 BAS 含量的 Y-SiAlON/BAS 复合材料不同温度下氧化增重随时间的变化曲线[10]

本小节中介绍的所有 BAS/SiAlON 复合材料的晶间相都只有 BAS,没有 J'相和 M'相,因此晶间相对不同复合材料抗氧化性能差别的影响甚微,所以,复合材料的抗氧化性能主要取决于基体。基体中不同的稀土离子 Yb^{3+}、Y^{3+}、Dy^{3+}、Nd^{3+} 的扩散速率受离子场强影响,依次增加,因此 Yb-SiAlON 的抗氧化性能最好,而 Nd-SiAlON 的抗氧化性能最差,图 9.46 显示的不同稀土掺杂 SiAlON/BAS 复合材料不同温度下氧化增重随时间变化曲线证实了这一结论。

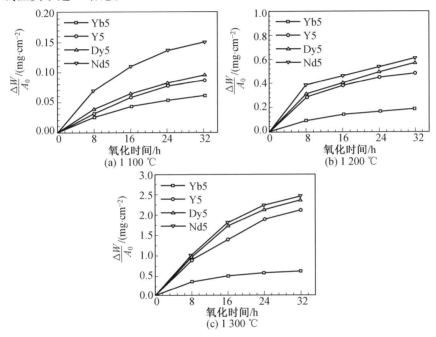

图 9.46 不同稀土掺杂 SiAlON/BAS 复合材料不同温度下氧化增重随时间的变化曲线[10]

单位面积增重的平方值与氧化时间的数据拟合曲线如图 9.47、9.48 所示。可见 Yb5 氧化动力学完全遵循抛物线规律,可能是由于其表面很快生成连续致密的氧化层。SiAlON/BAS 复合材料不同温度下的氧化速率常数 k 和激活能 E 列于表 9.5。可见 Yb5 的氧化活化能高于其他材料,说明 Yb5 抗氧化性更好。

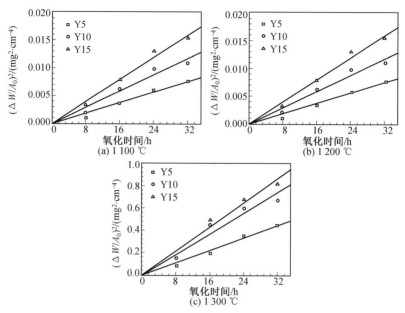

图 9.47　不同 BAS 含量的 Y-SiAlON/BAS 复合材料在不同温度下氧化增重
平方值随时间的变化曲线[10]

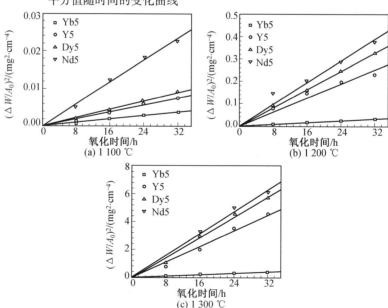

图 9.48　不同稀土掺杂 SiAlON/BAS 复合材料在不同温度下氧化增重平方值
随时间的变化曲线[10]

表9.5 SiAlON/BAS复合材料不同温度下的氧化速率常数 k 和活化能 E

性能	温度/℃	Y5	Y10	Y15	Yb5	Dy5	Nd5
氧化速率常数 $k/\times10^{-6}$ ($mg^2 \cdot cm^{-4} \cdot s^{-1}$)	1 100	0.06	0.10	0.13	0.03	0.08	0.20
	1 200	2.20	4.29	5.47	0.30	2.86	3.39
	1 300	38.61	64.14	74.78	34.05	49.86	54.30
活化能 $E/(kJ \cdot mol^{-1})$		577	583	570	621	584	504

3. 氧化产物相构成

图 9.49 为 Y–SiAlON/BAS 复合材料在 1 200 ℃下氧化 24 h 后的表面 XRD 图谱。BAS 含量变化对氧化产物物相组成影响不大,析晶相主要有 $Y_2Si_2O_7$ 和莫来石;在 Y10 和 Y15 中还出现了少量的 SiO_2。随 BAS 含量的增加,$Y_2Si_2O_7$ 和莫来石含量都有增加的趋势。氧化后的非晶相在 20° ~ 30°内出现非晶峰。Y–SiAlON/BAS 复合材料在 1 300 ℃下氧化 8 h 后的表面 XRD 图谱如图 9.50 所示。氧化产物主要有 $Y_2Si_2O_7$ 和莫来石,但是没有检测到 SiO_2 所对应的峰。

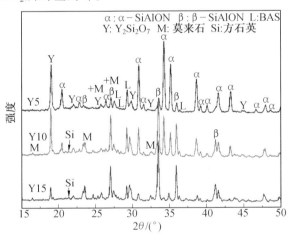

图 9.49 Y–SiAlON/BAS 复合材料在 1 200 ℃下氧化 24 h 后的表面 XRD 图谱[10]

4. 氧化表面成分及形貌观察

不同 BAS 含量的 Y–SiAlON/BAS 材料在 1 300 ℃下氧化 8 h 后,氧化物形貌存在明显差异(图 9.51)。三种材料氧化表面都有白色雪花状晶粒析出,且随着 BAS 含量增加明显减少,而大的浅灰色块状相含量明显增多。依据相成分分析及 XRD 图谱,可确定白色相为 $Y_2Si_2O_7$,灰色相为溶

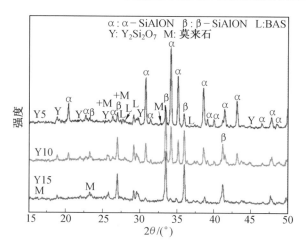

图 9.50　Y-SiAlON/BAS 复合材料在 1 300 ℃下氧化 8 h 后的表面 XRD 图谱[10]

有少量 Al^{3+} 的 SiO$_2$，因为 XRD 图中没有对应峰出现，该灰色相应为非晶态 SiO$_2$ 玻璃相。浅灰色块状相中 Ba^{2+} 含量较多，可能是 BAS 析晶引起的，这

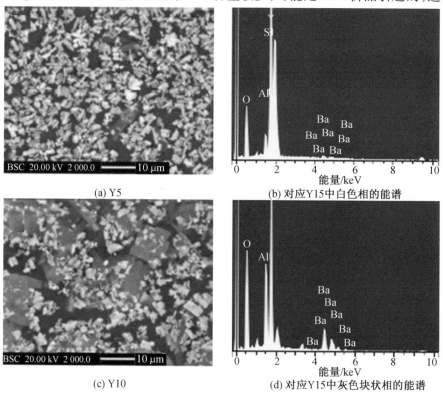

(a) Y5

(b) 对应 Y15 中白色相的能谱

(c) Y10

(d) 对应 Y15 中灰色块状相的能谱

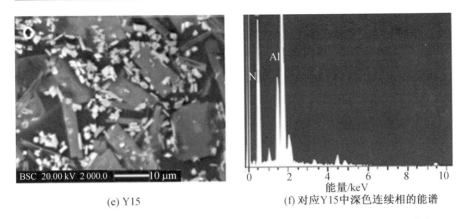

(e) Y15　　　　　　　　　　　(f) 对应 Y15 中深色连续相的能谱

图 9.51　Y-SiAlON/BAS 材料在 1 300 ℃下氧化 8 h 后的表面形貌及能谱[10]

与前面介绍的纯 Y-SiAlON 陶瓷明显不同。图 9.52 为 Y-SiAlON/BAS 材料在 1 300 ℃下氧化 24 h 后的表面形貌。Y-SiAlON 氧化十分严重，表面产生大量气泡；随着 BAS 增多，气泡变大和破碎，说明材料的抗氧化能力从小到大的顺序为 Y15、Y10、Y5。氧化 8 h 后的 BAS 的增加显著降低了复

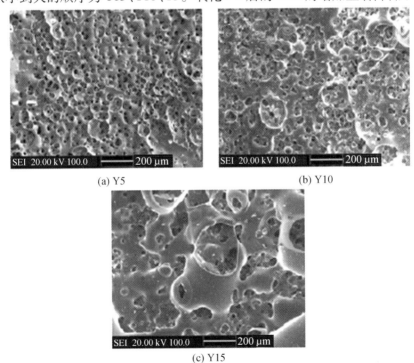

(a) Y5　　　　　　　　　　　(b) Y10

(c) Y15

图 9.52　Y-SiAlON/BAS 材料在 1 300 ℃下氧化 24 h 后的表面形貌[10]

合材料的抗氧化性。

图 9.53 为 Y5 在 1 100 ℃下氧化 0～32 h 后的表面 XRD 图谱及氧化 8 h 后的表面形貌。8 h 后试样仍保持氧化前的光泽,XRD 物相只发生微弱变化;表面能看到一些白色氧化产物,且有 0.032 mg/cm² 增重。继续延长氧化时间至 32 h,玻璃液相增多,$Y_2Si_2O_7$ 晶粒此时溶入液相,氧化表面 XRD 图谱中 $X_2Si_2O_7$ 相衍射峰减少,莫来石的衍射峰增多。

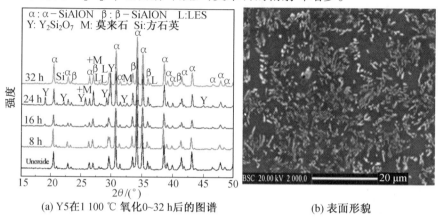

(a) Y5在1 100 ℃ 氧化0~32 h后的图谱　　　　(b) 表面形貌

图 9.53　Y5 在 1 100 ℃下氧化 0～32 h 后的表面 XRD 图谱及氧化 8 h 后的表面形貌[10]

图 9.54 为 Y5 在 1 200 ℃下氧化 0～32 h 后的 XRD 图谱。8 h 后已氧化生成大量的 $Y_2Si_2O_7$,16 h 后 $Y_2Si_2O_7$ 衍射峰强度达到最强,随后又开始减弱;保温 32 h 后开始出现莫来石和方石英的衍射峰。保温 32 h 后材料的氧化表面已基本没有 BAS 晶相。

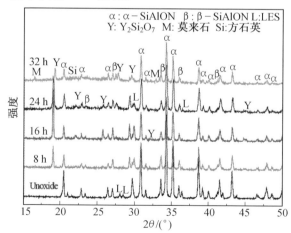

图 9.54　Y5 在 1 200 ℃下氧化 0～32 h 后的 XRD 图谱[10]

Y5 经 1 200 ℃下氧化 8 ~ 32 h 后的表面 XRD 图谱如图 9.55 所示。氧化 8 h 后材料表面就出现了大量气孔,主要是生成的 N_2 逸出的结果,随着时间延长,气孔体积变大并鼓起甚至开裂。裂纹产生是由于冷却时氧化层与基体的热失配造成的。图 9.55(e)、9.55(f)与 8 h 后氧化产物照片的白色 $Y_2Si_2O_7$ 析晶相和连续相 SiO_2 对应,氧化层表面没有观察到莫来石相,可能是由于其含量低。

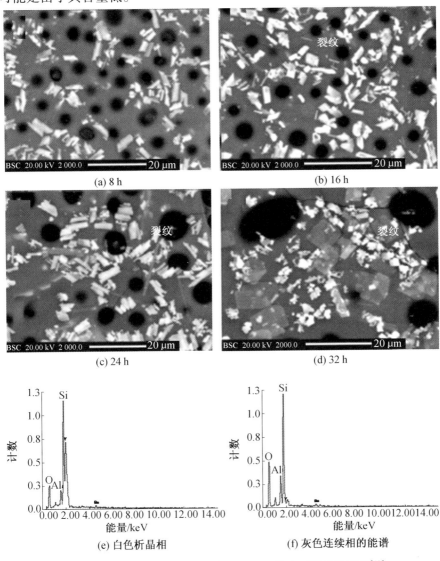

(a) 8 h

(b) 16 h

(c) 24 h

(d) 32 h

(e) 白色析晶相

(f) 灰色连续相的能谱

图 9.55　Y5 材料 1 200 ℃下氧化 8 ~ 32 h 的表面形貌及能谱[10]

图 9.56 为 Yb5 在 1 100 ~ 1 1300 ℃下氧化 16 h 后的表面 XRD 图谱及氧化表面。可以看出 1 100 ℃时材料表面已经发生严重的氧化反应，大量的 Yb$_2$Si$_2$O$_7$ 生成，同时少量莫来石和方石英的衍射峰出现。随着氧化温度的升高到 1 200 ℃，衍射峰强度整体降低，表明氧化表面的非晶玻璃相增多。继续升温到 1 300 ℃，衍射峰强度整体都降到很低，β-SiAlON 的个别衍射峰消失，如图 9.56(b)所示为 Yb5 在 1 300 ℃下氧化 16 h 后的表面形貌，可见其表面覆盖了一层连续的非晶态玻璃相，其上零星分布着白色氧化结晶产物。表明材料在 1 300 ℃下氧化严重，氧化表面已主要被非晶态玻璃相覆盖。

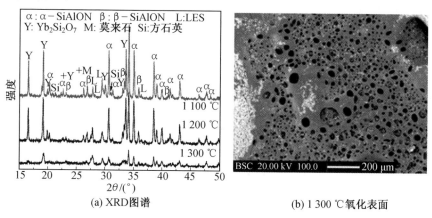

(a) XRD 图谱　　　　　　　　　(b) 1 300 ℃氧化表面

图 9.56　Yb5 在 1 100 ~ 1 300 ℃下氧化 16 h 后的表面 XRD 图谱及氧化表面[10]

Yb5 在不同温度下氧化 16 h 氧化表面形貌及能谱如图 9.57 所示。1 100 ℃的氧化产物是不规则形状细小析出相，随着温度升高，长大为规则的小块。图 9.57(d)、9.57(e)为图 9.57(a)析晶相 Yb$_2$Si$_2$O$_7$ 和灰色氧化层溶有少量 Al^{3+} 的 SiO$_2$ 的能谱。

不同稀土掺杂的 RE-SiAlON/BAS 复合材料在 1 100 ~ 1 200 ℃下氧化后的表面形貌如图 9.58 所示，当在 1 100 ℃氧化 24 h 后，所有氧化表面均有大量的白色析晶相，但氧化产物形貌差异较大，Yb5 中晶粒形貌不规则，Y5 中析出相则较规则，Dy5 中形成长棒状结构的析出相，而 Nd5 中为针状结构。经 1 200 ℃氧化 8 h 后，生成的玻璃相黏度降低，有利于稀土硅酸盐的析出和长大。除了 Yb5 之外，其他三种材料的氧化表面出现了 N$_2$ 逸出孔，孔洞的尺寸随着稀土离子半径的增大而增大，说明液相黏度随稀土阳离子半径的增大而减小，孔洞的增多也表明氧化程度加剧。

稀土类型对 RE-SiAlON 在 1 200 ℃氧化 24 h 表面形貌的影响。与氧

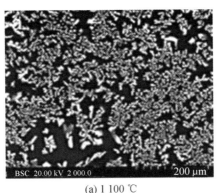

(a) 1 100 ℃

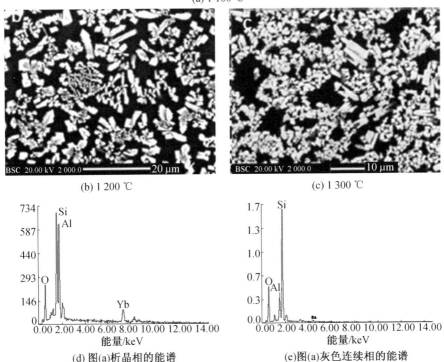

(b) 1 200 ℃ (c) 1 300 ℃

(d) 图(a)析晶相的能谱 (e) 图(a)灰色连续相的能谱

图9.57 Yb5不同温度下氧化16 h氧化表面形貌及能谱[10]

化8 h后相比,Yb5没有大变化,$Yb_2Si_2O_7$晶粒仅有少许长大,其他三种材料表面孔洞和微裂纹有愈合。Dy5和Nd5氧化产物中的硅酸盐减少,是由于表面出现大量的液相,之前生成的稀土硅酸盐溶入液相。

RE-SiAlON/BAS在1 300 ℃下氧化8 h后的氧化产物形貌显示,Yb5与其他三种材料不同:表面平整,几乎没有气泡和液相。液相有利于氧气向内扩散以及氮气和阳离子向外扩散,加速氧化进程。所以Y5、Dy5、Nd5

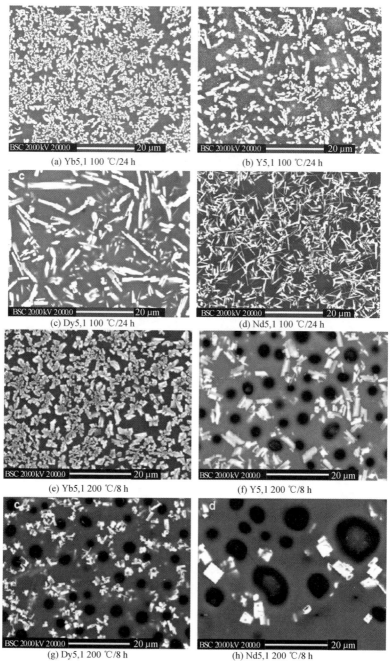

(a) Yb5,1 100 ℃/24 h

(b) Y5,1 100 ℃/24 h

(c) Dy5,1 100 ℃/24 h

(d) Nd5,1 100 ℃/24 h

(e) Yb5,1 200 ℃/8 h

(f) Y5,1 200 ℃/8 h

(g) Dy5,1 200 ℃/8 h

(h) Nd5,1 200 ℃/8 h

图 9.58 不同稀土掺杂 SiAlON/BAS 复合材料在 1 100 ℃下氧化24 h后
的表面形貌[10]

的抗氧化性能不如 Yb5。随着稀土阳离子半径的增大,即按照 Yb、Y、dY、Nd 的顺序氧化逐渐加剧,孔洞增多变大。这与氧化增重趋势是一致的。

Dy5 和 Nd5 材料 1 300 ℃下氧化 24 h 和 32 h 后的表面 XRD 分析结果表明[10]:结晶态的氧化产物主要为稀土硅酸盐 $RE_2Si_2O_7$、少量莫来石和方石英。Dy5 氧化 24 h 后,材料表面出现大量非晶相,XRD 图谱中20° ~ 30°内出现很明显的非晶相峰;时间延长到 32 h,非晶层析晶量增多,原因是低黏度玻璃相促进了稀土硅酸盐的析出和长大。析出物 $Dy_2Si_2O_7$ 呈现长棒状结构,24 h 后析出相的空心结构更明显,数量少于 32 h 后的产物。

此外,Nd-SiAlON/BAS 被氧化的晶相产物与报道的 $NdAlO_3$ 不同,图 9.59 是 Nd5 之于 1 100 ℃下氧化 24 h、32 h 和 1 200 ℃下氧化 24 h 氧化表面的 XRD 图谱。1 100 ℃下氧化 24 h 氧化产物为 Nd_2SiO_5 和莫来石;32 h 时 Nd_2SiO_5 被 $Nd_2Si_2O_7$ 取代,出现少量方石英;1 200 ℃下氧化 24 h 氧化产物则为 $Nd_2Si_2O_7$、莫来石和方石英。

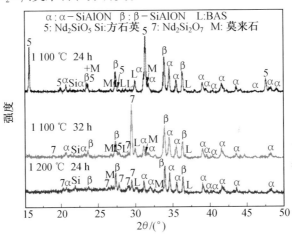

图 9.59 Nd5 氧化表面 XRD 图谱[10]

Nd5 材料 1 100 ℃下氧化 24 h 和 32 h、1 200 ℃下氧化 24 h 氧化表面形貌如图 9.60 所示。析晶产物形貌有明显差别,1 200 ℃下氧化 24 h 为针状,1 200 ℃下氧化 32 h 时为雪花状及少量针状,而 1 300 ℃下氧化 32 h 时为规则四方结构。

5. 氧化层增厚规律

图 9.61 为 Y5、Y10 和 Y15 在 1 100 ℃下氧化 24 h 后氧化截面的形貌。所有材料的氧化层都很致密,可分为表面氧化层和过渡层两部分。氧化层厚度随 BAS 的含量增加而变大。

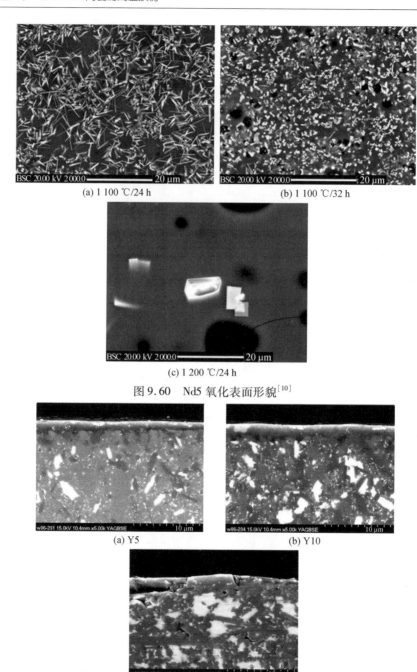

(a) 1 100 ℃/24 h

(b) 1 100 ℃/32 h

(c) 1 200 ℃/24 h

图 9.60　Nd5 氧化表面形貌[10]

(a) Y5

(b) Y10

(c) Y15

图 9.61　YS、Y10 和 Y15 在 1 100 ℃下氧化 24 h 后氧化截面的形貌[10]

图 9.62 为不同氧化条件下稀土类型对 SiAlON/BAS 1 100 ℃下氧化 24 h 氧化层厚度的影响。可见所有材料的氧化层都很致密,有利于阻止材料的进一步氧化,厚度从小到大的顺序为 Yb5、Y5、Dy5、Nd5。

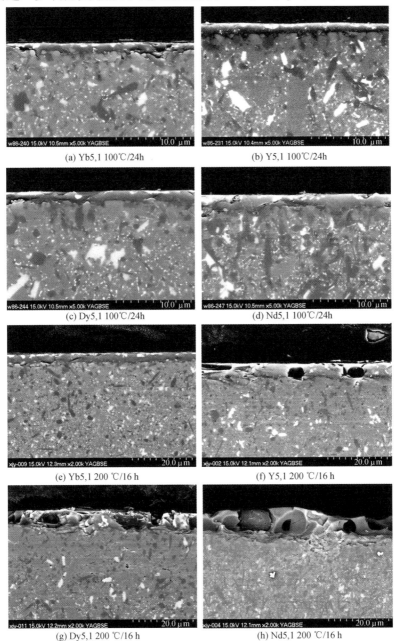

(a) Yb5,1 100℃/24h

(b) Y5,1 100℃/24h

(c) Dy5,1 100℃/24h

(d) Nd5,1 100℃/24h

(e) Yb5,1 200 ℃/16 h

(f) Y5,1 200 ℃/16 h

(g) Dy5,1 200 ℃/16 h

(h) Nd5,1 200 ℃/16 h

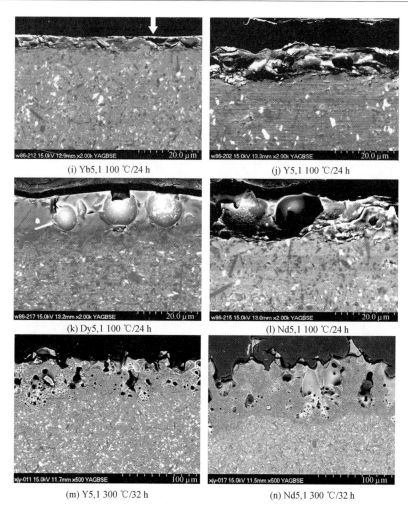

(i) Yb5,1 100 ℃/24 h　　　　　(j) Y5,1 100 ℃/24 h

(k) Dy5,1 100 ℃/24 h　　　　　(l) Nd5,1 100 ℃/24 h

(m) Y5,1 300 ℃/32 h　　　　　(n) Nd5,1 300 ℃/32 h

图 9.62　稀土类型对不同氧化条件下的 SiAlON/BAS 材料氧化层厚度的影响[10]

当在 1 200 ℃下氧化 16 h 后(图 9.63),Yb5 的氧化层很薄而且致密。Y5 氧化层中出现气孔,氧化层较致密;而 Dy5 和 Nd5 材料的氧化层内出现大气孔和大气泡破裂后留下的微坑,氧化层的疏松,Nd5 氧化层厚度达到6 μm左右,其抗氧化能力急剧下降。

1 200 ℃下延长氧化时间至 24 h,Yb5 氧化层仍较致密,厚度增加到3.9 μm;而其他材料的氧化层厚度剧增,出现严重的气泡而变得疏松(图9.64)。

Y5、Nd5 在 1 300 ℃下氧化 32 h 后的截面形貌(图9.65)显示,氧化层均非常疏松,有大量气孔,过渡层不明显,氧化层与基体之间的结合不紧密。可见,Y5 和 Nd5 在 1 300 ℃下暴露在空气中 32 h,氧化相当严重。

图 9.63 为 Yb5 在 1 300 ℃下氧化 8 h 的氧化截面形貌及元素的线扫描分析图谱。由于氧化过程中稀土阳离子向外扩散,Yb 在表层含量高。稀土扩散及表面稀土硅酸盐析晶在氧化层下方形成稀土的消耗区即过渡层,它与氧化层和基体紧密结合。

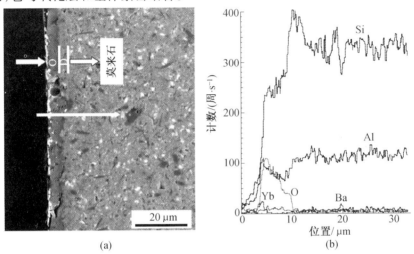

图 9.63　Yb5 在 1 300 ℃下氧化 8 h 后氧化截面形貌及元素的线扫描分析图谱[10]

在 1 200 ℃下氧化 8～32 h 氧化层的厚度变化规律如图 9.64 所示,可以明显看出氧化层的厚度从小到大的顺序为 Y5、Y10、Y15、Yb5、Y5、Dy5、Nd5。

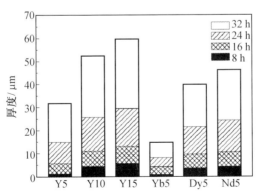

图 9.64　1 200 ℃下氧化 8～32 h 后氧化层的厚度变化规律[10]

9.2　BAS/α-SiAlON 陶瓷的抗热震行为

9.2.1　热震前的显微组织及力学性能

采用 SPS 技术,以 5% BAS 为助烧剂制备不同稀土离子(Y^{3+}、Yb^{3+}、Lu^{3+}、Y^{3+}/Yb^{3+}、Y^{3+}/Lu^{3+})稳定的 α-SiAlON 陶瓷;应用压痕-淬火法,研究不同 α-SiAlON 陶瓷的抗热震行为。

以 5% BAS 为烧结助剂,应用 SPS 制备稀土稳定 α-SiAlON 陶瓷的过程中,BAS 液相、氧化物基液相以及含氮液相相继生成,加速了材料的致密化过程,使其在较低温度(1 600 ℃)下完成。图 9.65 为不同稀土离子掺杂的五种 RE1010-5BASSiAlON 陶瓷的背散射电子像。根据背散射电子像衬度原理可知,材料包含 β-SiAlON,不含 Y,呈黑色;α-SiAlON 相含有少量 Y,呈灰色;而较亮的是 BAS 相。五种材料均以细小的长棒状 α-SiAlON 晶粒为基体,分布有少量 β-SiAlON 长晶粒,BAS 主要分布在三角晶界处。在含稀土离子 Y 的材料中,还发现 BAS 相聚集成块分布的现象。由于本章中的成分选择在 α-SiAlON 单相区的边缘区域,限制了材料的形核,在烧结过程中,材料中刚开始形成少量 α-SiAlON 晶核时,由于高温液相的存在,使得 α-SiAlON 晶粒生长的自由空间增大,有利于晶粒的各向异性生长,从而形成了长棒状的晶粒。

材料具有很高的硬度,均在 18 GPa 以上,这是因为五种材料都是以 α-SiAlON相作为主晶相,因此保持了 α-SiAlON 的本征高硬度。五种 α-SiAlON 陶瓷的断裂韧性也很高,为 $5.4 \sim 6.2$ MPa·$m^{1/2}$,从对材料微观组织形貌的观察可以知道,添加 5% BAS 助烧剂使材料中 α-SiAlON 晶粒形成长棒状晶粒,这能有效地提高材料的断裂韧性。

RE1010-5BAS 陶瓷的力学性能与掺杂稀土离子有关,掺杂复合稀土离子的材料总是比单一掺杂的断裂韧性要高,尽管在硬度值上略有下降,但材料的综合力学性能得到了提高。

9.2.2　BAS/α-SiAlON 陶瓷的热震行为

1. 热震裂纹扩展行为

根据 Andersson 和 Rowcliffe 提出的压痕-淬火法[11],采用致密的圆柱状试样,在升温到预设温度的垂直管式炉中测试材料的抗热震性,试样直

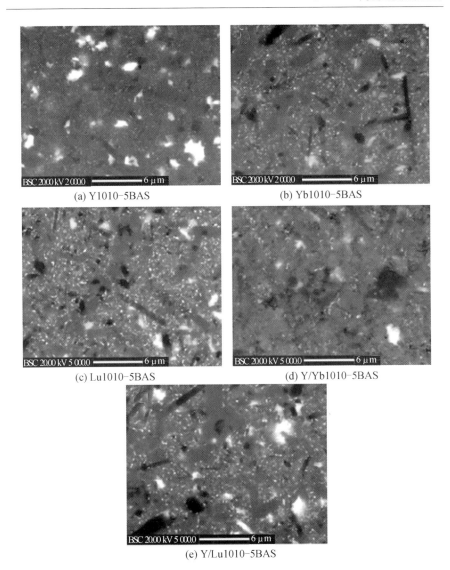

(a) Y1010–5BAS

(b) Yb1010–5BAS

(c) Lu1010–5BAS

(d) Y/Yb1010–5BAS

(e) Y/Lu1010–5BAS

图 9.65　不同稀土离子掺杂五种 RE1010–5BAS/SiAlON 陶瓷表面背散射电子像[10]

径为 20 mm、厚度为 4 mm。图 9.66 给出了 1 800 ℃下 SPS 制备的不同稀土离子稳定的 5BAS/α–SiAlON 试样的表面预制压痕微裂纹在热震试验中的增长与热震温度的关系。根据 Andersson 和 Rowcliffe 的定义[11]，当材料表面 25% 以上的裂纹增长超过 10% 时的温度为临界热震温度（ΔT_c）。

α–SiAlON 材料抗热震性良好，即使在 900 ℃的温差下热震，材料表面压痕裂纹的增长也很小，在 10% 左右，没有超过 20%。这与文献[13]中提到的热压烧结的体积分数为 20% 玻璃相的自增韧 β-SiAlON 陶瓷的抗热震性相当,比 α-SiAlON 单相材料的抗热震性要好许多(500 ℃ 下热震裂纹扩展已达 30% 以上)。由于材料中的长棒状晶粒彼此交错,所构成的网络状结构可以缓冲热震应力,阻碍热震裂纹的扩展,从而提高了材料的抗热震性能。BAS 的晶化对材料的高温力学性能也有所改善。Y/Yb1010-5BAS 试样热震性能最好,压痕裂纹 $\Delta T = 900$ ℃ 时仍为稳态扩展,裂纹增长没有超过 10% 。Y1010-5BAS 和 Yb1010-5BAS 材料在温差 900 ℃ 下热震时,表面微裂纹反而变短了,这可能与材料表面产生了少量的氧化反应有关。

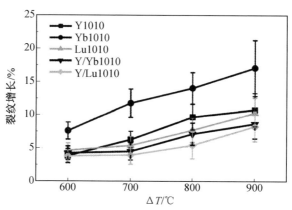

图 9.66　RE1010-5BAS 的裂纹增长与热震温度的关系[12]

　　Y1010-5BAS 其中一个预制裂纹扩展过程如图 9.67 所示。从图中可以明显看出,随着热震温差的提高,试样表面氧化反应加剧,试样表面变得不平整,但压痕微裂纹长度并没有显著增加。当经过 $\Delta T = 1\,000$ ℃ 热震试验后,材料表面裂纹已消失。

　　不同稀土离子稳定的 α-SiAlON 试样经过 $\Delta T = 1\,000$ ℃ 的热震试验后,表面都有轻度氧化,图 9.68 给出了 RE1010-5BAS 热震后的表面形貌。材料表面生成一层氧化层,氧化层内存在一定量的气孔,这是产物 N_2 的逸出造成的,层内有少量针状稀土硅酸盐或铝酸盐析出。

2. 热震导致的表面氧化

　　经过 $\Delta T = 1\,000$ ℃ 的热震试验后,材料表面形成的氧化物在压痕微裂纹尖端富集,这能有效地抑制裂纹的扩展,提高材料的抗热震性。在一定的条件下,还能使原有的微裂纹全部愈合。这种特性使得材料在热震循环条件下的应用更具可靠性。材料在温差为 1 000 ℃ 的热震后,试样表面已

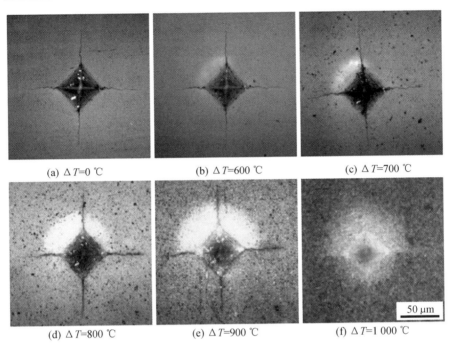

(a) △T=0 ℃ (b) △T=600 ℃ (c) △T=700 ℃

(d) △T=800 ℃ (e) △T=900 ℃ (f) △T=1 000 ℃

图 9.67 Y1010-5BAS 其中一个预制裂纹扩展过程图

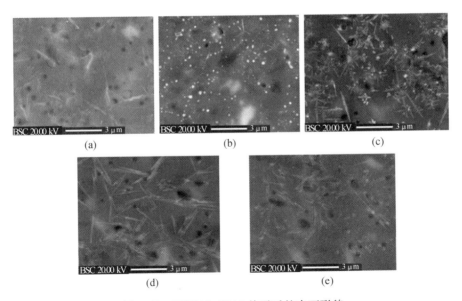

(a) (b) (c)

(d) (e)

图 9.68 RE1010-5BAS 热震后的表面形貌

不再清晰,为氧化层所覆盖。对材料表面进行扫描观察发现,材料表面的裂纹发生了愈合。从图9.69中可明显地看出,预制的压痕仍清晰可见,但微裂纹已消失了。

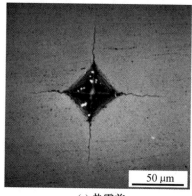

(a) 热震前　　　　　　　　　　(b) 热震后

图9.69　ΔT=1 000 ℃热震试验前后的维氏压痕对比

由于材料表面生成氧化层,并析出了少量的稀土硅酸盐或铝酸盐,致使原有的预制压痕微裂纹重新愈合,材料强度能得到回升。在最大程度的裂纹愈合条件下,材料表面的裂纹能完全愈合,强度能得到完全的恢复。但是,裂纹愈合的过程需要氧气的存在,因此材料内部的裂纹不能完全愈合。

3. 复合材料抗热震行为的理论分析

陶瓷材料在淬火中承受的瞬时热应力与材料的一系列参数有关,包括弹性模量 E、泊松比 ν、热膨胀系数 α、热导率 κ、试样的形状与尺寸、热震温差 ΔT 以及淬火介质的热传递系数 h。临界热震导致的材料损坏主要由断裂韧性和抗弯强度决定。通过压痕-淬火法,在材料表面预制裂纹,可以消除残余应力,从而更精确地测定最大的瞬时热应力[14]。

在低于通常定义的临界温度 ΔT_C 的情况下,一种新的方法可以用来定义不同材料在给定淬火条件下的抗热震性能[14]。要更好地抵抗热震,材料必须能抵抗裂纹的扩展(即高的断裂韧性 K_C)和对淬火不敏感(即只产生较低的瞬时热应力 σ_{th})。因此,K_C/σ_{th} 是在给定热震条件下一个很好的抗热震参数。引进一个新的参数[14]:

$$R_{m}=\left(\frac{K_{C}}{\sigma_{th}}\right)^{2}=\left[\frac{\chi_{r}Pc_{0}^{-3/2}(\pi\Omega c)^{1/2}}{\chi_{r}P(c^{-3/2}-c_{0}^{-3/2})}\right]^{2}=\frac{\pi\Omega c}{\left[1-\left(\dfrac{c}{c_{0}}\right)^{-3/2}\right]^{2}} \tag{9.8}$$

式中 χ_r——概率因子;

    c——裂纹长度;

    c_0——预制裂纹初始长度;

    p——载荷;

    $\Omega = \dfrac{4}{\pi^2}$;

    ΔT_c——临界淬火温差;

    G_{IC}——断裂韧性。

R_m 只是从测量热震前后的裂纹长度得出的,不需要知道任何材料的性质 (E、ν、K_C、α、H、χ_r) 或淬火介质的特性 (ΔT、h)。R_m 的定义可与 Hasselman 根据断裂力学假设提出的第四抗热震参数相比较[15]:

$$R^{(4)} = \frac{G_{IC}E}{\sigma_r(1-\nu)} = \frac{K_{IC}^2(1-\nu)^2}{\sigma_r^2(1-\nu)} = \left(\frac{K_{IC}}{\sigma_r}\right)^2(1+\nu) \qquad (9.9)$$

式中 σ_r——材料的抗弯强度。

$R^{(4)}$ 与材料表面的最大裂纹尺寸成正比,即是在 ΔT_C 下引起材料断裂的裂纹。$R^{(4)}$ 被认为是当温差 ΔT 接近 ΔT_C 时的 $(1+\nu)R_m$ 的下极限。然而,$R^{(4)}$ 与材料初始裂纹有关,R_m 与淬火条件相关,因此,对不同材料而言,R_m 是一个描述热震程度很好的参数。

根据以上分析对 Lu1010-5BAS 的热震行为进行研究。首先根据预制压痕裂纹的扩展情况计算出试样在不同温差下热震时的 R_m 值;然后作出试样 $\ln R_m$ 与 ΔT 的关系曲线(图 9.70)。$\ln R_m$ 的外推直线与 $\ln R^{(4)}$ 的交点即可得到临界热震温度 ΔT_C。由于本章没有对材料的抗弯强度和泊松比进行测量,所以无法计算,在图 9.70 中以虚线表示。根据经验,自增韧 α-SiAlON 材料的 $\ln R^{(4)}$ 的值约为 2~3。从图中可看出,Lu1010-5BAS 试样的抗热震性良好,根据以上分析得到的 ΔT_C 值很高。

9.2.3 稀土类型对 α-SiAlON 陶瓷抗热震性能的影响

1. SiAlON 材料的热物理性能

采用热膨胀仪测试 α-SiAlON 材料在空气中的线膨胀系数,温度范围为室温至 1 200 ℃,升温速率为 5 ℃/min。图 9.71 为 YbE2、SmE2 和 NdE2 复合材料的热膨胀曲线。曲线显示从室温到 1 300 ℃ 范围内,相对膨胀量基本呈线性增长趋势。表 9.6 为几种材料从室温到 1 300 ℃ 热膨胀系数的平均值。

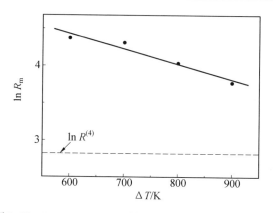

图 9.70　Lu1010-5BAS 试样的 $\ln R_m$ 与 ΔT 的关系曲线

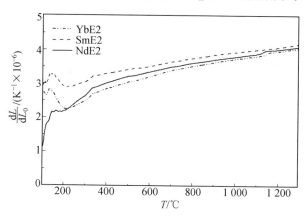

图 9.71　YbE2、SmE2 和 NdE2 复合材料的热膨胀曲线[6]

表 9.6　几种材料从室温到 1 300 ℃ 热膨胀系数的平均值[6]　　　　$\times 10^{-6}$ K

试样	NdE2	NdE0	DyE2	YbE2	SmE2
α	3.01	2.92	3.14	3.1	3.38

2. α–SiAlON 材料的抗热震性能

将电阻炉加热到预定温度,迅速放入试样,保温 20 min,然后投入到沸水中,测量剩余强度[16]。为了直观反映材料的抗热震性能的好坏,分别测定了不同稀土掺杂的 α–SiAlON 材料剩余强度 σ 与热震温差 ΔT 的变化关系,以确定临界热震温差 ΔT。

图 9.72 为热震残余强度 σ 随热震温差 ΔT 的变化曲线,大致可以分为 4 个阶段:第一阶段为强度恒定阶段,此范围内的热震应力小于材料的断裂强度,对材料没有破坏作用。第二阶段为强度下降阶段,此阶段的热

震应力高于材料的固有强度,使材料内产生新的裂纹或者导致原有微裂纹进一步扩展。此阶段裂纹扩展包括动态扩展和准静态扩展,并且以动态扩展为主。第三阶段为强度上升阶段,此阶段由于材料氧化在表面生成了形状各异的稀土硅酸盐或铝酸盐氧化层,致使原有的微裂纹重新愈合,强度升高。第四阶段为强度再次下降阶段,在此阶段,由于材料表面氧化层主要为熔融的 SiO_2 玻璃相,对原有裂纹的愈合作用不大,而这时热温差较大,材料内产生的新裂纹或者原有微裂纹将进一步继续扩展,也是以动态扩展为主。

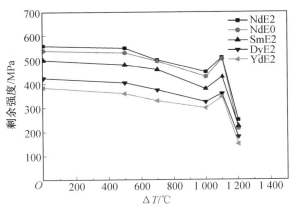

图 9.72　热震剩余强度 σ 随热震温差 ΔT 的变化曲线[6]

经理论预测,材料的临界热震温差约为 $\Delta T = 400\ ℃$。抗热震能力来自于:长棒状晶粒彼此交错,构成的网络状结构可以缓冲热震应力,阻碍热震裂纹的扩展,提高材料的抗热震性能;各种不同类型的材料在室温至 1 200 ℃ 范围内的热导率为 $8.5 \sim 14.5\ W/(m \cdot K^{-1})$;具有比较低的热膨胀系数,室温抗弯强度和断裂韧性也较高。相同热震温差下,各种试样残余强度由高到低顺序为 NdE2、NdE0、SmE2、DyE2、YbE2。

不同类型稀土掺杂的 α-SiAlON 材料具有良好的抗热震性能,经过 $\Delta T = 500\ ℃$、$\Delta T = 700\ ℃$、$\Delta T = 1\ 000\ ℃$、$\Delta T = 1\ 100\ ℃$,残余强度保持率如图 9.73 所示。由图 9.73 可以看出,材料的最低残余强度保持率都在 75% 以上,且在临界热温差到强度上升阶段,NdE2、NdE0、SmE2 这三种复合材料的残余强度保持率高于 DyE2、YbE2。因此,可以认为 NdE2、NdE0、SmE2 试样的抗热震性能高于 DyE2 和 YbE2,可见长棒状晶粒可改善材料的抗热震性能。

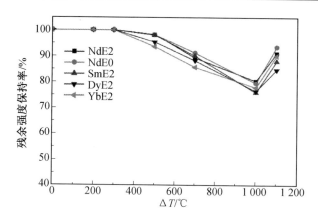

图9.73　不同组分试样残余强度 σ 保持率随热震温差的变化[6]

4. 热震次数对剩余强度的影响

考虑到材料的实际应用环境，α–SiAlON 陶瓷的最佳工作环境为 1 200 ℃。选择了热震温差 $\Delta T = 1\ 100$ ℃，测定经过 n 次热震材料的剩余强度 σ。

图9.74 是热震残余强度 σ 随循环热震次数 n 的变化曲线。热震后材料的残余强度变化大致可以分为两个阶段：第一阶段为强度平滑下降阶段，此范围内虽然热震应力大于材料的断裂强度，但是由于材料发生了氧化，氧化层对裂纹的抑制作用导致总的外力还是小于材料的断裂强度。第二阶段为强度快速下降阶段，此时因为热震应力大于材料的断裂强度。氧化层开始软化成一层玻璃层，抑制裂纹扩展的能力大大下降，导致强度下降较快。

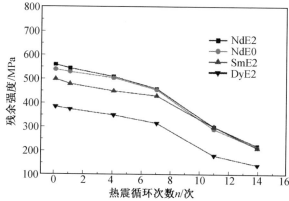

图9.74　热震残余强度 σ 随循环热震次数 n 的变化曲线（$\Delta T = 1\ 100$ ℃）

5. 热震损伤的 SEM 观察

对稀土掺杂 α-SiAlON 材料不同热震温差下的表面形貌以及损伤行为进行观察(图 9.75),$\Delta T = 700$ ℃,热震一次后,YbE2、SmE2 材料的表面形貌,可以看出试样表面开始变粗糙。然而,$\Delta T = 700$ ℃热震,表面氧化刚

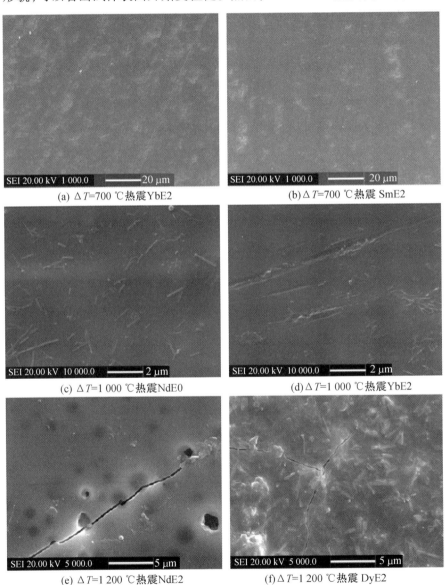

(a) $\triangle T$=700 ℃热震YbE2　　　　　(b)$\triangle T$=700 ℃热震 SmE2

(c) $\triangle T$=1 000 ℃热震NdE0　　　　(d)$\triangle T$=1 000 ℃热震YbE2

(e) $\triangle T$=1 200 ℃热震NdE2　　　　(f)$\triangle T$=1 200 ℃热震 DyE2

图 9.75　热震损伤行为

刚开始,表面生成物几乎没有。热温差提高到 1 000 ℃,试样开始形成棒状和不规则形状的氢氧化硅产物。1 100 ℃投入水的瞬间,与水发生了快速的热交换和热化学反应,然而试样表面没有微裂纹形成。热温差进一步提高到 1 200 ℃,试样表面明显氧化,主要产物为非晶 SiO_2 和稀土硅酸盐、铝酸盐。由于热震温差较大,热应力大于材料的断裂强度,致使材料表面生成了裂纹。

图 9.76 为 $\Delta T = 1\ 100$ ℃热震 n 次后 NdE2 试样的表面形貌。随着热震次数的增加,试样表面氧化加重,结晶态氧化产物含量出现由少到多再到少的趋势变化,这与专门氧化实验结果相一致。试样表面可见气孔,并逐渐变大。脆性陶瓷会由热震温度梯度而造成热应力损伤,在试样的表面产生微裂纹;但是 NdE2 热震表面形貌观察未发现微裂纹,说明具有较好的抗热震能力。这主要是热物理性能、热导率、热膨胀系数等参数综合作用的结果。

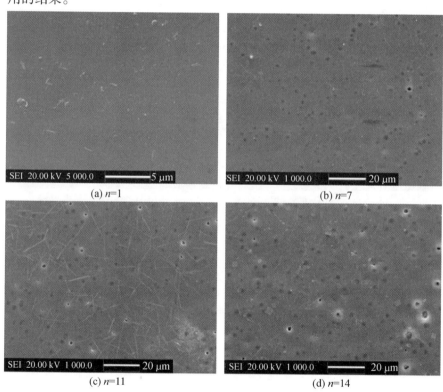

(a) $n=1$ 　　　　　　　　　　(b) $n=7$

(c) $n=11$ 　　　　　　　　　　(d) $n=14$

图 9.76　$\Delta T = 1\ 100$ ℃热震 n 次后 NdE2 试样的表面形貌

6.断口形貌观察

DyE2 材料不同热震温差的断口形貌如图 9.77 所示。可见,所有试样的断裂方式一致,是典型的脆性断裂。DyE2 热震后仍以穿晶和沿晶断裂相结合为主。断口表面比较粗糙,可以看到长棒状晶粒及较多的空鞘和沟槽,说明材料长晶粒的拔出、桥接以及载荷的传递等强韧化机制得到了充分发挥。不同稀土掺杂的 α-SiAlON 陶瓷材料,热震或室温断裂方式基本一致,都是以等轴晶的沿晶断裂和棒晶的穿晶断裂相结合为主。α-SiAlON陶瓷材料受到热震破坏时,热震应力和热震氧化两种机理同时起作用,从热震剩余强度曲线随热震次数的变化可知,所有材料均以热震应力损伤为主。提高材料强度,降低弹性模量和热膨胀系数,减少显微结构缺陷对提高 α-SiAlON 陶瓷的抗热震性能是有利的。

(a) ΔT=700 ℃   (b) ΔT=1 000 ℃

(c) ΔT=1 100 ℃   (d) ΔT=1 200 ℃

图 9.77 DyE2 材料不同热震温差的断口形貌

参考文献

[1]LIU C F, YE F, XIA R S, et al. Influence of composition on self-toughe-

ning and oxidation properties of Y-α-SiAlONs[J]. Journal of Materials Science & Technology, 2013, 29(10): 983-988.

[2] CINIBULK M K, THOMAS G. Oxidation behavior of rare-earth disilicate-silicon nitride ceramics[J]. J. Am. Ceram. Soc., 1992, 75(8): 2044-2049.

[3] 刘春凤. 稀土添加剂的类型对 α-SiAlON 陶瓷组织与性能的影响 [D]. 哈尔滨:哈尔滨工业大学, 2007.

[4] 周飞, 佘正国, 刘军. Si₃N₄陶瓷超塑性的研究进展[J]. 江苏理工大学学报, 2000, 21(1): 5-9.

[5] 张志杰. 材料物理化学[M]. 北京:化学工业出版社,2006.

[6] 周建民. 稀土氧化物类型对自韧 α-SiAlON 陶瓷的氧化及热震行为影响[D]. 哈尔滨:哈尔滨工业大学, 2007.

[7] NORDBERG L O. Stability and oxidation properties of RE-α-SiAlON ceramics (RE = Y, Nd, Sm, Yb)[J]. J. Am. Ceram. Soc., 2002, 81(6): 1461-1470.

[8] BECHER P F, WATERS S B, WESTMORELAND C G, et al. Compositional effects on the properties of Si-Al-RE-based oxynitride glasses (RE=La, Nd, Gd, Y, or Lu)[J]. J. Am. Ceram. Soc., 2002, 85(4): 897-902.

[9] LIU C F, YE F, LIU L M, et al. High-temperature strength and oxidation behavior of Sc^{3+}/Lu^{3+} co-doped α-SiAlON[J]. Scripta Materialia, 2009, 60: 929-932.

[10] 谢婕芸. SiAlON/LES 复合材料的力学性能与高温损伤[D]. 哈尔滨:哈尔滨工业大学, 2008.

[11] AMDERSSON T, ROWCLIFFE D J. Indentation thermal shock test for caramics[J]. J. Am. Ceram. Soc.,1996,79(6):1509-1514.

[12] YE F, ZHANG L, LIU C F, et al. Thermal shock resistance of in situ toughened α-SiAlONs with barium aluminosilicate as an additive sintered by SPS[J]. Materials Science and Engineering A, 2010, 527(23): 6368-6371.

[13] PETTERSSON P, SHEN Z, JOHNSSON M, et al. Thermal shock resistance of α/β-SiAlON ceramic Composites[J]. Eur. Ceram. Soc., 2001,21:999-1005.

[14] TANCRET F, OSTERSTOCK. The vickers indentation technique used to

evaluate thermal shock resistance of brittle materials[J]. Scripta Materialia. ,1997,37(4):443-447.

[15] HASSELMAN D PH. Themal stress resistance paraneters for birttle refractory ceramics: A compendium[J]. Am. Ceram. Soc. Bul. ,1970,49: 1033-1037.

[16] BECHER P F, LEWIS III D, CARMAN K R, et al. Thermal shock resistance geometry effects quench tests[J]. Am. Ceram. Soc. Bull. , 1980, 59: 542-545.

第10章　cBN/SiAlON 超硬陶瓷材料

立方氮化硼(cBN)硬度仅次于金刚石,大气中 1 000 ℃下不发生氧化,真空中 1 550 ℃以上发生立方相向六方相转变,作为刀具材料广泛地应用于石材、精密仪表、航空航天材料加工等领域。

cBN 很难烧结,通常是将 cBN 颗粒与金属烧结成一体,cBN 被机械镶嵌在金属基体中。本章介绍采用放电等离子烧结法（SPS）制备的 cBN/SiAlON复合材料,以 SiAlON 液相实现 cBN 陶瓷的致密化过程,以及成分和烧结工艺对复合材料的力学性能和摩擦磨损性能的影响规律。

10.1　cBN/α-SiAlON 陶瓷复合材料

10.1.1　致密化行为

cBN/α-SiAlON 复合材料中 cBN 的设计质量分数为 10% ~ 50%,α-SiAlON成分依据其通式,选择 $m = 1.5$、$n = 1.0$ 或 $n = 1.5$,添加过量2%的稀土,烧结工艺见表 10.1。cBN 前面的数字表示其质量分数,E2-后面的数字代表保温时间。

表 10.1　cBN/α-SiAlON 复合材料的成分及烧结工艺[1]

样品	升温速率/(℃ · min⁻¹)	最高温度/℃	保温时间/s	压力/MPa
10cBN+Y1510E2-5	100	1 550	5	50
20cBN+Y1510E2-5	100	1 550	5	50
20cBN+Y1510E2-10	100	1 550	10	50
50cBN+Y1510E2-5	100	1 550	5	50
20cBN+Yb1510E2-1	200	1 550	1	50
20cBN+Yb1515E2-5	200	1 550	5	50

cBN/α-SiAlON 复合材料的致密化和温度的关系如图 10.1 所示。可以看出,1 200 ℃左右压头开始位移,1 550 ℃位移曲线趋于平缓,表明坯体在 1 200 ℃ 开始生成低熔点液相,发生颗粒重排导致显著的致密化,

1 550 ℃致密化过程基本结束,随后的保温时间对致密化没影响。

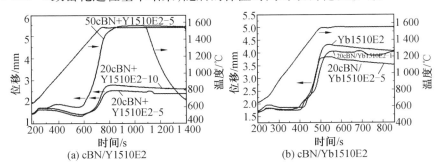

图 10.1　cBN/α-SiAlON 复合材料的致密化和温度的关系

原料中的 RE_2O_3 与 Si_3N_4 表面的 SiO_2 以及 AlN 表面的 Al_2O_3 首先生成低熔点液相;液相含量随温度的升高逐渐增多,并润湿 AlN 和 Si_3N_4 陶瓷颗粒,在颗粒之间形成毛细管力促进颗粒重排、溶解和扩散;各组元之间发生反应,沉淀析出 α-SiAlON 晶粒。在 α-SiAlON 形成过程中产生的 RE-Si-Al-O-N 液相促进了 cBN/α-SiAlON 复合材料的致密化。

10.1.2　显微结构与力学性能

cBN 烧结过程中在没有高压作用下通常会发生 cBN 向 h-BN 的转变。图 10.2 给出了 cBN 原始粉末在不同温度下 SPS 烧结 5 min 后的 XRD 图谱,可见 1 550 ℃时稳定性好,基本没有 cBN→h-BN 相变,升高烧结温度至 1 600 ℃,cBN 部分转变为 h-BN。

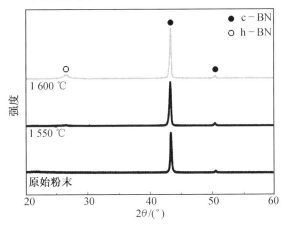

图 10.2　cBN 原始粉末在不同温度下 SPS 烧结 5 min 后的 XRD 图谱[2]

cBN/α-SiAlON 复合材料经 1 550 ℃保温 5 min 烧结,α-SiAlON 相形成,cBN 发生相变,大部分转变为 h-BN(图 10.3)。cBN 颗粒的加入影响体系内液相对 AlN 和 Si$_3$N$_4$颗粒的润湿,从而影响了 α-SiAlON 相的形成,并有晶间相存在。随着保温时间延长,晶间相含量减少,cBN 向 h-BN 转变量增加(图 10.4),根据 XRD 衍射强度粗略计算出:保温 5 min 和10 min 的 cBN/Y-α-SiAlON复合材料中 cBN 的转变量分别为82.6% 和 99.2%。

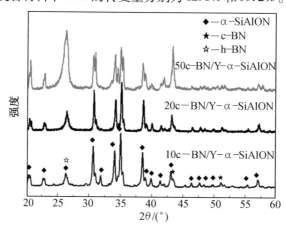

图 10.3　1 550 ℃SPS 保温 5 min 烧结不同成分 cBN/Y-α-SiAlON 的 XRD 图谱[1]

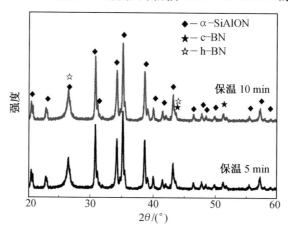

图 10.4　SPS 保温 5 min 和 10 min 烧结 20cBN/Y1510E2 的 XRD 图谱[1]

图 10.5 为 20cBN/Yb1510E2 和 Yb1510E2 材料的 XRD 图谱。由图可见,保温 1 min 材料中除了 α-SiAlON 外,还有大量的晶间相,这是由于 α-Si$_3$N$_4$→α-SiAlON的转变,随着保温时间的缩短,液相不能被完全吸收,只能以晶间相的形式析出。保温 1 min 所得复合材料的 XRD 图谱中有明

显的 cBN 衍射峰,保温时间延长至 5 min 后 cBN 转变为 h-BN。根据X-射线粗略计算 BN 的转变量:保温 1 min 和 5 min 试样中 cBN 的相转变量分别为 38.6% 和 60.3%。转变量显著低于相同成分和条件制备的 20cBN/Y1510E2。

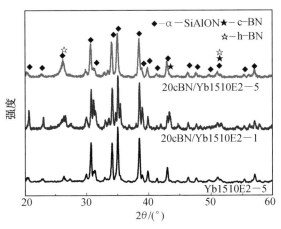

图 10.5　20cBN/Yb1510E2 和 Yb1510E2 材料的 XRD 图谱[1]

不同成分的 cBN/α-SiAlON 复合材料的维氏硬度如图 10.6 所示。复合材料的硬度均低于纯 α-SiAlON 陶瓷。通常,Y-α-SiAlON 陶瓷的维氏硬度约为 20 GPa,而 cBN/Y-α-SiAlON 复合材料的维氏硬度最高只有 15.8 GPa,并且随 cBN 含量的增加显著降低,这是由于保温 5 min,cBN 大部分转变为 h-BN,同时随着 BN 含量的增加,α-SiAlON 的生成受到抑制所致。SPS 烧结保温 5 min 合成的 20cBN/Y-α-SiAlON 复合材料硬度为 8.9 GPa,延长保温时间至 10 min,材料的硬度升高到 9.4 GPa,可能是 α-SiAlON生成较完全和晶间相含量降低的共同作用。

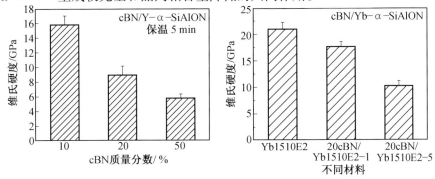

图 10.6　不同成分的 cBN/α-SiAlON 复合材料的维氏硬度[1]

图 10.6(b)为保温 1 min 和 5 min 烧结的 20cBN/Yb1510E2 复合材料的维氏硬度。虽然保温时间延长,α-SiAlON 生成较完全,但是 cBN 转变为 h-BN 的转变量大幅度增加,因此硬度降低,但仍高于相同工艺的 20cBN/Y1510E2,归因于 Yb 体系陶瓷中 cBN 的相变量低。

10.1.3　cBN 粒径对 cBN/Yb-α-SiAlON 复合材料组织与力学性能的影响

图 10.7 为不同 cBN 粒径的 20cBN/Yb-α-SiAlON 复合材料的 XRD 图谱,可见含粒径为 0.5~1 μm 的材料与 2~4 μm 相比,晶间相衍射峰强度低,但是大部分 cBN 转变为 h-BN。根据 X-射线衍射强度算得:0.5~1 μm 和 2~4 μm 两种复合材料中 cBN 相转变量分别为 60.3% 和 1.3%,表明粒径大 cBN 在液相中不容易转变为 h-BN,但是对 α-SiAlON 的形成抑制作用增加。

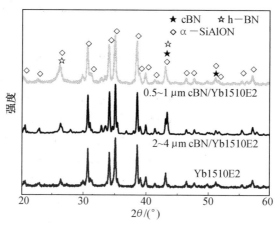

图 10.7　不同 cBN 粒径的 20cBN/Yb-α-SiAlON 复合材料的 XRD 图谱[1]

不同 cBN 粒径 20cBN/α-SiAlON 的显微照片如图 10.8 所示。α-SiAlON 及 cBN 构成元素的原子序数差异使得背散射电子像分别对应灰色、黑色两种衬度。从图中可以看出,cBN 均匀分布在 α-SiAlON 基体中。从粒径为 0.5~1 μm 试样的背散射照片看,cBN 轮廓不是很明显,粒径为 2~4 μm 试样轮廓很清晰,这主要是由于粒径为 0.5~1 μm 试样中的 cBN 发生相转变。

粒径为 2~4 μm 的 20cBN/Yb1510E2 的维氏硬度为 21.6 GPa,与 Yb1510E2 相当,而粒径为 0.5~1 μm 的 20cBN/Yb1510E2 试样的维氏硬度则低于 Yb1510E2 基体,这是由于 2~4 μm 的 cBN 在液相烧结中未发生

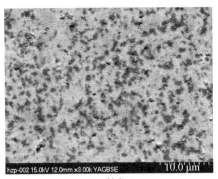
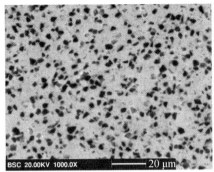

(a) cBN 粒径 1 μm   (b) cBN 粒径 4 μm

图 10.8　不同 cBN 粒径的 20cBN/α-SiAlON 的显微照片

相变,在 Yb1510E2 基体中起到增加硬度的作用,而后者中 cBN 大部分转变为 h-BN,减弱了基体的力学性能。

10.1.4　cBN/Yb-α-SiAlON 复合材料的抗磨损性能

对磨材料不同,往往对应不同的磨损机理,同一材料的磨损量会差别很大;若是同种材料对磨,对磨材料的硬度对磨损量的影响相对较小,而异种材料对磨,其硬度对磨损量影响较大,其中硬度小的材料发生磨料磨损;如果对磨材料为金属,则会发生它与陶瓷之间的黏着磨损,影响更大。为了分析力学性能较好的 20cBN/Yb1510E2 和 Yb1510E2 材料的摩擦磨损性能,选择 Si_3N_4 作为对磨材料。

表 10.2 为 Yb1510E2 和 20cBN/Yb1510E2 复合材料在 20 N 载荷、滑动速率 0.1 m/s、滑动距离为 360 m 试验条件下的摩擦系数及磨损率。cBN 颗粒粒径较大,其加入使得 cBN/Yb1510E2 与摩擦副的接触表面较粗糙,因而摩擦系数较高。cBN 的硬度仅次于金刚石,不易被磨损,但和基体结合较弱,容易脱落,因此 20cBN/Yb1510E 的磨损率比 Yb1510E2 要大得多。

表 10.2　Yb1510E2 和 20cBN/Yb1510E2 的摩擦系数及磨损率[1]

试样	摩擦系数 μ	磨损率/($mm^3 \cdot N^{-1} \cdot m^{-1}$)
Yb1510E2	0.43	2.3E-06
20cBN/Yb1510E2	0.56	8.8E-06

图 10.9 为 Yb1510E2 和 20cBN/Yb1510E2 试样表面磨损后的扫描照片。对磨件 Si_3N_4 硬度相对较低,磨屑与空气中的水分发生化学反应形成

了表面膜,Yb1510E2 试样磨痕表面没有明显的晶粒脱落。黏附层的形成导致在磨损表面上可观察到鳞片状的现象并观察到棒状的 Si_3N_4 晶粒形貌。20cBN/Yb1510E2 材料磨损表面出现了 cBN 颗粒脱落,同时看到等轴状晶粒的沿晶断裂。

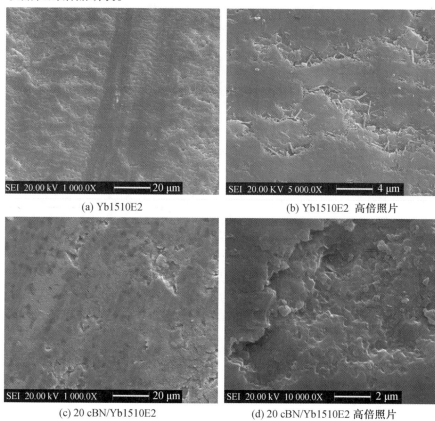

(a) Yb1510E2

(b) Yb1510E2 高倍照片

(c) 20 cBN/Yb1510E2

(d) 20 cBN/Yb1510E2 高倍照片

图 10.9　Yb1510E2 和 20cBN/Yb1510E2 试样磨损后的扫描照片[1]

从图 10.9(a)可以看出,Yb1510E2 试样在干摩擦条件下,磨痕表面没有发现明显的晶粒拔出脱落,由于对磨件 Si_3N_4 硬度与 Yb1510E2 相比相对较低,从对磨件 Si_3N_4 磨损下的磨屑部分黏附在其摩擦表面,而且这些磨屑在进一步摩擦过程中由于空气中的水分发生化学反应,使磨屑之间连接起来形成表面膜,降低了陶瓷的表面活性等,从而较牢固地黏着在磨损表面。黏附层的形成导致在磨损表面上可观察到鳞片状的现象并观察到棒状的 Si_3N_4 晶粒形貌。

从图 10.9(c)和 10.9(d)可以看出,20cBN/Yb1510E2 材料磨损表面

出现了 cBN 颗粒脱落留下的大小、形状不一的断裂剥落坑。还有部分 cBN 颗粒裸露，与 Yb1510E2 基体完全脱离。同时也看到等轴状的 SiAlON 存在典型的沿晶断裂。

综合上述结果表明，干摩擦下，Yb1510E2 陶瓷在载荷为 20N 时的摩擦磨损机制为摩擦化学反应和黏着磨损机理相结合。Yb1510E2 与对磨件 Si₃N₄ 相比硬度要高，不可能发生材料脱落。随着摩擦过程的进行，摩擦化学反应同时发生，磨损下的磨屑与空气中的水分发生反应生成反应层。使磨屑之间连接起来形成表面膜，随即磨损方式转变为黏着磨损，摩擦表面形成的的物质被不断磨损掉，露出新鲜表面。由于摩擦化学反应形成一个更光滑的磨损表面，使表面的接触面积增大，减小了接触应力，降低了磨损。

20cBN/Yb1510E2 材料载荷为 20 N 时的摩擦磨损机制主要为表面疲劳磨损和磨粒磨损，首先当材料表面受到周期性载荷作用时两个接触体相对滑动时，在接触区形成的循环应力超过材料的疲劳强度的情况下，在表面层将引发裂纹并逐步扩展，然后使裂纹以上的材料断裂剥落下来，由于 cBN 与基体结合比较弱，颗粒剥落主要发生在 cBN 颗粒处。随着 cBN 颗粒的剥落，硬的磨粒 cBN 在摩擦表面相互接触运动过程中，材料的工作表面受 cBN 颗粒的压入和摩擦所造成的磨损。而 Yb-α-SiAlON 会产生晶间断裂，导致磨粒磨损。

10.2　cBN/β-SiAlON 复合材料的研究

10.2.1　cBN/β-SiAlON 复合材料的致密化过程

与 α-SiAlON 相比，β-SiAlON 的烧结温度较低，合成 cBN/β-SiAlON 复合材料时选用 $Z=3$ 的 β-SiAlON 成分，cBN 的质量分数为 10% ~ 30%。烧结工艺参数为 50 MPa，1 550 ℃保温 5 min。

cBN/β-SiAlON 材料的烧结致密化曲线如图 10.10 所示，可见：在 1 250 ℃左右压头开始位移，收缩开始并持续到 1 550 ℃约 1 min 停止，说明致密化过程结束。

cBN/β-SiAlON 复合材料的致密度随 cBN 的质量分数变化的曲线如图 10.11 所示。随着 cBN 的质量分数的增加，烧结液相相对减少，并且 cBN 堆积搭接，不利于致密化，cBN/β-SiAlON 的致密度降低，纯β-SiAlON

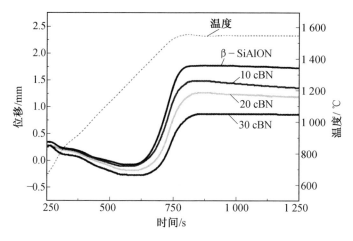

图 10.10　cBN/β-SiAlON 材料的烧结致密化曲线[2]

材料的致密度达到 99.7% ,当 cBN 的质量分数为 10% 时,材料致密度为 99.6% ,当 cBN 的质量分数为 30% 时,致密度下降到 94.3% 。cBN 对材料致密化的消极作用在 cBN-Al$_2$O$_3$[3] 及 cBN-WC-Co[4] 等复合材料中也都有所体现。

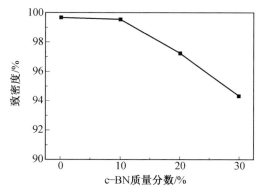

图 10.11　cBN/β-SiAlON 复合材料的致密度随 cBN 的质量分数变化的曲线

10.2.2　物相及显微组织

cBN/β-SiAlON 复合材料的 XRD 图谱如图 10.12 所示,可见所有的复合材料的相组成都很相似,都是由 β-SiAlON 相、cBN 和极其少量的 h-BN 组成的,说明烧结过程中实现了 α-Si$_3$N$_4$→β-SiAlON 的转变,cBN 在该体系中具有高的热稳定性,仅有微量的 h-BN 生成。

cBN/β-SiAlON 复合材料的显微组织照片如图 10.13 所示。可见材料

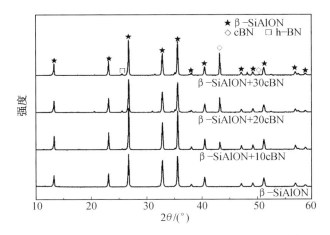

图 10.12 cBN/β-SiAlON 复合材料的 XRD 图谱[1]

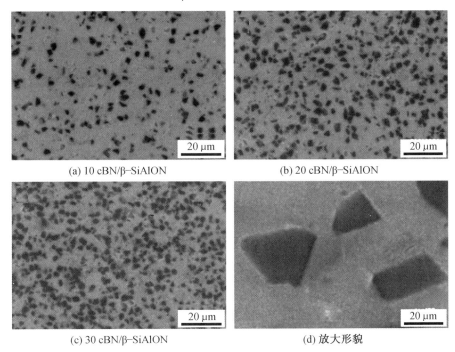

(a) 10 cBN/β-SiAlON

(b) 20 cBN/β-SiAlON

(c) 30 cBN/β-SiAlON

(d) 放大形貌

图 10.13 cBN/β-SiAlON 复合材料的显微组织照片[2]

致密无孔洞,黑色衬度的 cBN 颗粒均匀分布在灰色连续的 β-SiAlON 基体中,且轮廓明显。放大形貌照片显示棱角分明的 cBN 颗粒与 β-SiAlON 基体结合良好,没有明显的界面反应和裂纹出现,将对复合材料的力学性能有利。

10.2.3　力学性能

图 10.14 显示了加入 cBN 颗粒对 BN/β-SiAlON 复合材料力学性能的影响。图 10.14(a)为 cBN/β-SiAlON 的维氏硬度随 cBN 的质量分数的变化。受 cBN 的质量分数和气孔率的共同影响,复合材料的维氏硬度呈现先增加后减少的趋势,10cBN/β-SiAlON 的维氏硬度最高,达到了 15.4 GPa,明显高于同工艺下的纯 β-SiAlON 陶瓷,且与高温烧结的纯 β-SiAlON陶瓷硬度相当[5,6]。随 cBN 质量分数的增加,复合材料的抗弯强度和断裂韧性也是先升高后降低(图 10.14(b))。当 cBN 质量分数为 10%时,抗弯强度和断裂韧性分别达到最大值 432 MPa 和 6.3 MPa·$m^{1/2}$。随着 cBN 质量分数的继续增加,试样的抗弯强度和断裂韧性略有下降,30cBN 成分的抗弯强度和断裂韧性分别为 390 MPa 和 5.5 MPa·$m^{1/2}$。

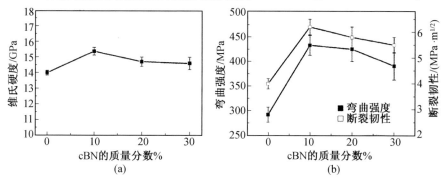

图 10.14　加入 cBN 颗粒对 BN/β-SiAlON 复合材料力学性能的影响[1]

加入 cBN 颗粒对材料的力学性能的改善起到了很大的作用。cBN/β-SiAlON复合材料的断口形貌和裂纹扩展路径如图 10.15 所示,断裂方式为沿晶断裂,其中 cBN/β-SiAlON 的断口表面有大量的 cBN 颗粒与基体解离形成的孔洞。随着 cBN 的质量分数的增加,孔洞数量增加。由压痕裂纹扩展路径可见,裂纹遇到 cBN 颗粒发生偏转并绕过 cBN 颗粒扩展(如图中箭头所示),进而实现陶瓷的韧化。

10.2.4　摩擦磨损性能

对 cBN 的质量分数为 0、10%、20%、30% 的 cBN/β-SiAlON 复合材料进行摩擦磨损试验,分析 cBN 的质量分数对复合材料的摩擦磨损性能的影响。图 10.16 显示了以 Si_3N_4 为对磨,载荷为 20 N,滑动速率为 0.1 m/s,滑动距离为 360 m 试验条件下摩擦系数与磨损率随 cBN 的质量分数的变化。

(a) 复合材料的断口形貌

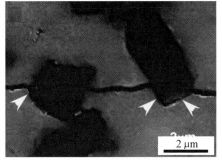
(b) 裂纹扩展路径

图 10.15　cBN/β-SiAlON 复合材料的断口形貌和裂纹扩展路径[2]

随着 cBN 的质量分数的增加,摩擦系数减小。这是由于随着 cBN 的质量分数的增加,磨损体积和接触面积也增大,使得接触应力减小;摩擦过程产生的高温可能使部分 cBN 转变为 h-BN,起到自润滑的作用。30cBN/β-SiAlON 材料的摩擦系数增加可能与 cBN 脱落有关。cBN 粒径大且硬度高,cBN 磨粒在摩擦表面压入和摩擦,造成磨损,使得表面的摩擦系数略有增高。

从图 10.16(b)中可以看出随着 cBN 的质量分数的增加,磨损率也在增加,当 cBN 的质量分数为 30% 时,磨损率增加了一个数量级。随着 cBN 的质量分数的增加,试样的磨损率增加,这主要是由于 cBN 与基体 β-SiAlON 的结合力较弱。随着磨损的进行,接触由线接触变为面接触,且随着 cBN 的质量分数的增加,接触面也大,因此 cBN 的质量分数为 20% 时,试样的摩擦系数比 cBN 的质量分数为 10% 的试样要小。

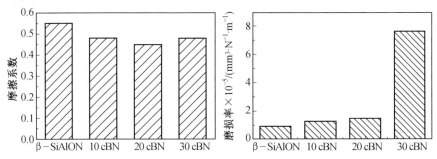

图 10.16　cBN/β-SiAlON 复合材料的摩擦系数与磨损率随 cBN 的质量分数的变化

图 10.17 为不同 cBN 质量分数的 cBN/β-SiAlON 复合材料的磨损表面形貌。β-SiAlON 磨损试样表面出现大面积脱落和沿晶断裂现象。质量分数为 10% 的 cBN 材料的磨损表面和 β-SiAlON 相似;当 cBN 的质量分

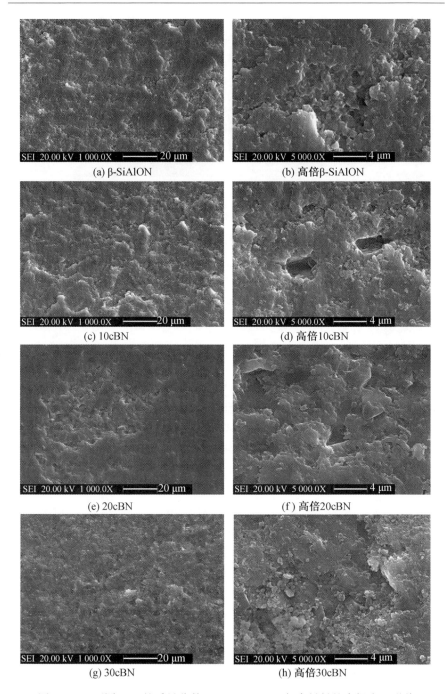

(a) β-SiAlON

(b) 高倍β-SiAlON

(c) 10cBN

(d) 高倍10cBN

(e) 20cBN

(f) 高倍20cBN

(g) 30cBN

(h) 高倍30cBN

图 10.17　不同 cBN 的质量分数 cBN/β–SiAlON 复合材料的磨损表面形貌

数增加到 20% 时,cBN 剥落增加;当 cBN 的质量分数增加到 30% 时,材料表面发生严重磨损,但磨损面比较平整。

综上可知,β-SiAlON 材料的磨损主要为疲劳磨损,并伴随着脆性断裂。当材料表面受滑动载荷作用时,接触区的循环应力在表面层引发裂纹,最后使晶粒剥落下来。采用 Hertzian 应力场方法[7],估算出球盘式的摩擦磨损试样中的最大应力为 2.2 GPa,远大于 β-SiAlON 的强度。

疲劳磨损裂纹除来源于表面外,也产生在次表面内,经历裂纹的萌生阶段、裂纹扩展至剥落三个阶段。β-SiAlON 试样磨损表面观察结果表明,晶间断裂与磨损方向和对磨试样滑动的方向一致。微裂纹沿着晶间生成,这些微裂纹导致单个晶粒在摩擦磨损的过程中脱落。表明材料的耐磨性与材料的强度和断裂韧性有关,通过提高材料的力学性能可以提高材料的耐磨性。

质量分数为 10% 的 cBN 试样和质量分数为 20% 的 cBN 试样的磨损机理与 β-SiAlON 相同,为表面疲劳磨损,但由于 cBN 和 β-SiAlON 基体结合比较弱,使得 cBN 颗粒更容易脱落,所以磨损率较高。质量分数为 30% 的 cBN 材料的致密度较低,主要为磨粒磨损。对磨试样 Si_3N_4 使材料表面发生损耗。而且剥落的超硬的 cBN 颗粒在外力作用下以一定的角度与材料表面相接触,作用在 cBN 上的力可分解为垂直于材料表面的分力和平行于材料表面的分力,垂直分力使磨粒压入材料表面,平行分力则使压入表面的磨粒做切向运动,在材料的表面产生擦伤或显微切削作用,从而对材料造成更大的磨损。

参考文献

[1] 侯赵平. cBN/SiAlON 及 B4C 陶瓷复合材料的制备及其组织与性能的研究[D]. 哈尔滨:哈尔滨工业大学,2009.

[2] YE F, HOU Z P, ZHANG H J, et al. Spark plasma sintering of cBN/β-SiAlON composites[J]. Mater. SCi. Eng. A, 2010, 527:4723-4726.

[3] HOTTA M, GOTO T. Densification and microstructure of Al_2O_3–cBN composites by spark plasma sintering[J]. J. Ceram. Soc. Jpn., 2008, 116:744-748.

[4] MARTINEZ V, ECHEBERRIA J. Hot isostatic pressing of cubic boron nitride-tungsten carbide/cobalt(cBN-Wc/Co)composites:effect of cBN particle size and some processing parameters on their microstructure and

properties[J]. J. Am. Ceram. Soc. , 2007,90:415-424.

[5] EKSTROEM T, NYGREN M. SiAlON ceramics[J]. J. Am. Ceram. Soc. , 1992, 75(2): 259-276.

[6] CAO G Z. α-SiAlON ceramics: a review[J]. Chem. Mater. , 1991, 3: 242-252.

[7] KAKOI K, OBARA T. A numerical method for counterformal rolling contact problems using special boundary element method[J]. Journal of the Japan Mechanical and Engineering Society, 1993, 36(1A): 57-62.

第 11 章　α-SiAlON 陶瓷的扩散连接

SPS 快速烧结技术,因其烧结快、时间短,材料组织理想,通常用来制备陶瓷材料。尝试以其作为一种新型连接技术进行 α-SiAlON 陶瓷的自身连接。本书从界面组织、界面扩散与连接机理、接头结合强度评价等方面阐述了该连接方法的可行性,为陶瓷及金属等材料的连接提供了一种新途径。

11.1　连接方法及工艺

待连接 α-SiAlON 材料的成分分别为 Y1212 和 Yb1212。将 SPS 烧结制得的陶瓷柱体研磨抛光,在酒精中超声清洗,放入石墨磨具中对齐并压紧,升温至连接温度,保温 0~20 min 后随炉冷却。

材料连接工艺见表 11.1。

表 11.1　材料连接工艺[1]

连接件	试样编号	连接温度 /℃	连接压力 /MPa	升温速率 /(℃·min⁻¹)	保温时间 /min
Y1212/ Yb1212	Yb/Y00	1 700	20	100	0
	Yb/Y05				5
	Yb/Y10				10
	Yb/Y20				20
	Yb/Y1650	1 650	20	100	10

11.2　α-SiAlON 陶瓷的连接过程

连接过程中压头位移随温度的变化曲线如图 11.1(a)所示,由此反映出接头的形成过程。随温度升高压头位移向负值移动,这是由于压头、石墨模具及试样热膨胀导致的。当温度升至 1 670 ℃时,试样界面处表面凸出部位由于晶粒滑移和晶粒重排开始发生塑性屈服,产生塑性变形,使连接界面接触面积增加[3-5]。很明显,塑性变形发生温度高于 RESiAlON 晶间玻璃相的共晶温度。SiO$_2$、Al$_2$O$_3$ 与 Y$_2$O$_3$ 的共晶温度约为 1 300 ℃[6,7]。典型的 α-SiAlON 陶瓷的致密化过程如图 11.1(b)所示,第一个收缩速率最大值对应于 α-SiAlON 中的共晶温度。第二个收缩速率最大时大约为 1 500 ℃,这与氮化物粉末向体系中溶解及 α-SiAlON 的同时形成相吻合[6-8]。

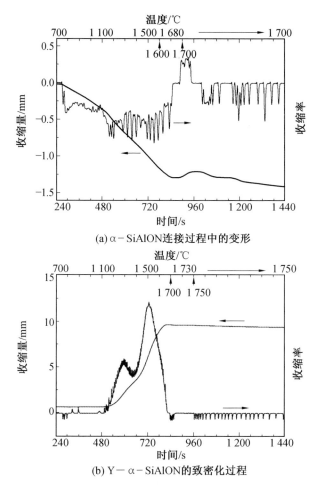

(a) α-SiAlON连接过程中的变形

(b) Y－α-SiAlON的致密化过程

图 11.1　连接过程中压头位移随温度的变化曲线[2]

陶瓷连接界面致密化过程主要分为三个阶段:首先母材试样在一定的外加压力下形成物理接触;然后当温度升高到一定温度时开始产生界面液相,液相的产生填充了界面之间的孔洞,使界面处大部分气体排出,同时随温度升高母材中的离子开始向界面液相中扩散;最后当升温到 1 670 ℃左右时,连接表面凸出部位发生塑性屈服,产生塑性变形,使接触面积逐渐增加,在形成实际的接触面后,在压力和温度的双重作用下,母材之间的元素互相扩散的速率迅速增大,促进母材晶粒向界面生长,消除界面气孔和缺陷,实现材料连接界面的连接。

11.3 α-SiAlON 陶瓷连接的界面结构

图 11.2 为不同连接工艺下所得 Yb-α-SiAlON/Y-α-SiAlON 接头实物照片。经受高温连接后的母材样品仍保持着机械加工时的光泽,很难看到裂纹或其他缺陷存在。

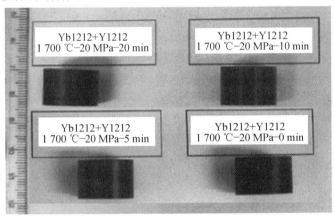

图 11.2　不同工艺的 Yb-α-SiAlON/Y-α-SiAlON 接头实物照片[2]

对 Y1212 和 Yb1212 陶瓷材料经 1 700 ℃/20 min 连接前后的 XRD 图谱(图 11.3)进行分析,表明晶相基本没有变化,除了 Y1212 连接后检测出少量 YAG 相外,均为 α-SiAlON 相,未有 α→β-SiAlON 相的转变。有研究表明 $m=n=1.2$ 的 SiAlON 成分在 1 600 ~ 1 750 ℃具有热-动力学稳定性,不会发生 α→β-SiAlON 的转变[9]。连接中的加热保温过程类似于陶瓷烧结后期热处理,因而 YAG 相是连接过程中由陶瓷内晶间相的析晶形成的[7,10]。

图 11.4 为 Yb-α-SiAlON 和 Y-α-SiAlON 连接前后的晶粒形貌。连接对 Yb1212 和 Y1212 两种陶瓷中的 α-SiAlON 晶粒形貌也无明显影响,均由长棒状的 α-SiAlON 晶粒组成。其中试样 Y1212 长棒状晶粒比较多,晶粒比较细长,平均晶粒长度为 10 ~ 15 μm,长径比为 4 ~ 5;相对试样 Y1212,试样 Yb1212 长棒状晶粒较少,晶粒比较短粗,平均晶粒长度为 3 ~

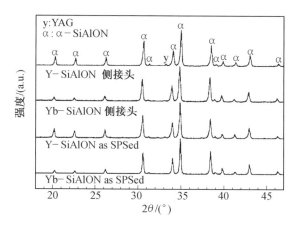

图 11.3　Y1212 和 Yb1212 陶瓷材料经 1 700 ℃/20 min 连接前后的 XRD 图谱

5 μm,长径比为 2～3。

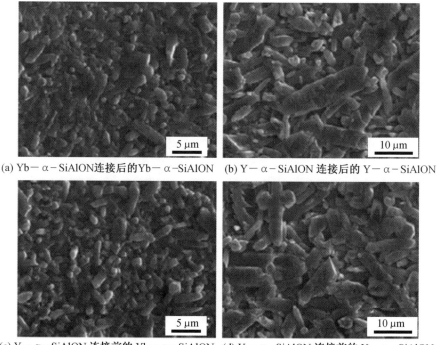

(a) Yb－α-SiAlON连接后的Yb－α-SiAlON　(b) Y－α-SiAlON 连接后的 Y－α-SiAlON

(c) Y－α-SiAlON 连接前的 Yb－α-SiAlON　(d) Y－α-SiAlON 连接前的 Y－α-SiAlON

图 11.4　Yb-α-SiAlON 和 Y-α-SiAlON 连接前后的晶粒形貌

　　图 11.5 为 Yb1212/Y1212 连接接头的 SEM 背散射电子像,由于元素 Yb 和 Y 的原子序数差别较大,所以两种 α-SiAlON 陶瓷的表面衬度不同, 显示不同的颜色,灰白色为 Yb1212,灰黑色为 Y1212。

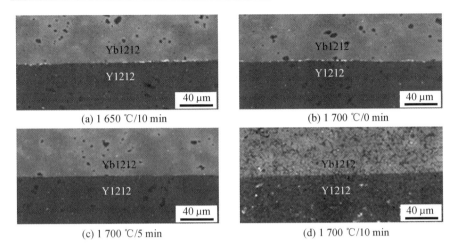

(a) 1 650 ℃/10 min　　　　　　　　(b) 1 700 ℃/0 min

(c) 1 700 ℃/5 min　　　　　　　　(d) 1 700 ℃/10 min

图 11.5　Yb1212/Y1212 连接接头的 SEM 背散射电子像[2]

在连接时间均为 10 min 情况下,1 650 ℃连接界面白色相较多,对其进行成分分析(图 11.6(b)),确定其为含有稀土 Y 和 Yb 的玻璃相。1 700 ℃连接界面玻璃相几乎完全消失。高温时液相的扩散速率远大于液相的形成速率,1 700 ℃连接 0 min 比 1 650 ℃连接 10 min 的界面玻璃相含量还低。对其进行成分分析(图 11.6(b)),确定其为含有稀土 Y 和 Yb 的玻璃相。

连接温度为 1 700 ℃情况下,连接时间为 0 min 时界面玻璃相较多,两母材大部分通过玻璃相实现连接,随连接时间的延长玻璃相逐渐减少,母材晶粒向界面中心生长,在连接时间大于 5 min 时界面玻璃相几乎完全消失,两母材晶相区紧密连接在一起,从而获得无缝接头。

连接过程中在界面处容易形成液相,这是由于连接前的母材表面存在表面能,两表面接触连接形成连接界面,在连接过程中表面能转换为热能降低了晶界玻璃相的熔点。随温度升高液相不断增多,在低温时,由于液相的形成速率大于液相的扩散速率,所以界面处的玻璃相较多。在高温时,液相的扩散速率大于液相的形成速率,在一定保温时间下,可以消除界面处的玻璃相。

随保温时间延长,玻璃相不断向母材材料中扩散,促使界面处晶粒不断长大,温度对晶粒的长大影响不大。从界面附近的两母材材料的晶粒中可以发现,Y-α-SiAlON 晶粒边缘中含有灰白色区域,Yb-α-SiAlON 晶粒边缘中含有灰黑色区域,这说明了 Y 和 Yb 两种元素扩散进入对方材料的

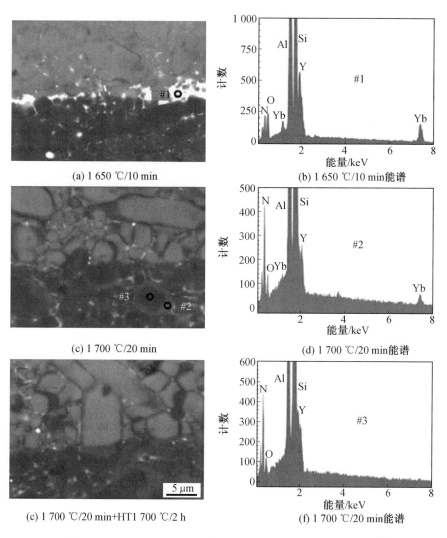

(a) 1 650 ℃/10 min

(b) 1 650 ℃/10 min能谱

(c) 1 700 ℃/20 min

(d) 1 700 ℃/20 min能谱

(c) 1 700 ℃/20 min+HT1 700 ℃/2 h

(f) 1 700 ℃/20 min能谱

图 11.6　Yb1212/Y1212 连接界面的 SEM 背散射及成分谱图[2]

α-SiAlON 晶粒中,形成不同的衬度区别。由于温度与保温时间不同,扩散深度不同,如图 11.6(b) 和 11.6(c) 所示。图 11.6(d) 和 11.6(f) 成分谱图也证实了这一点,在 α-SiAlON 晶粒外侧含有 Y 和 Yb 两种稀土元素,而在心部则只含有 Y 一种稀土,Yb 并未扩散进入。

连接接头试样热处理后,界面玻璃相几乎完全消失,界面附近的晶粒更加粗大,其中试样 Yb/Y00 和 Yb/Y1650 由于未处理前的界面玻璃相较多,所以处理后的界面附近晶粒长大比较明显[1]。

与连接试样未处理前相比,在处理后的试样中可以明显发现具有不同衬度颜色的扩散层,且在 Y1212 一侧的扩散层更加明显,扩散层随连接时间的延长而增加。这主要是由于两种材料除了稀土元素以外的其他组分完全相同,两种材料之间具有 Y^{3+} 和 Yb^{3+} 浓度梯度,所以 Y^{3+} 和 Yb^{3+} 向对方材料中扩散。其中 Yb^{3+} 比 Y^{3+} 的离子半径小,所以 Yb^{3+} 易于向 Y-α-SiAlON晶粒中扩散,而 Y^{3+} 向 Yb-α-SiAlON 晶粒中扩散比较难,因此连接试样中 Y1212 一侧的扩散层更加明显,扩散层厚度更大。

在 HP 热处理的试样中,可以发现有 Y-α-SiAlON 晶粒穿过界面长大进入 Yb1212 母材一侧,还有 Y1212 中的 Y-α-SiAlON 晶粒和 Yb1212 中的 Yb-α-SiAlON 晶粒长大在一起,实现了晶粒的连接。用 HP 热处理比 SPS 热处理有更明显的晶粒长大和扩散层。

图 11.7 为试样 Yb/Y20 界面的 STEM 照片及晶间相成分,从图中可以看出,界面层的厚度很薄,大约有 1 μm。界面处结构比较致密,没有气孔和缺陷发现。与母材相比,界面处晶粒形貌比较混乱,有母材中的晶粒长大进入界面,也有在界面处形成的小晶粒。

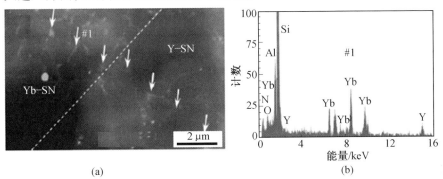

(a)   (b)

图 11.7 试样 Yb/Y20 界面的 STEM 照片及晶间相成分[2]

另外在图的中心部位可以发现有两个大的晶粒分别从两母材长大进入界面,最后两晶粒长大在一起,与仅靠小晶粒和液相连接相比,这可以极大地提高界面的连接强度。

11.4 α-SiAlON 陶瓷接头结合强度

连接时间和温度对连接界面处的硬度都有较大影响,热处理后的试样界面和母材硬度达到一致,试样 Yb/Y00 和 Yb/Y05 界面硬度和母材硬度类似,试样 Yb/Y10、Yb/Y20 和 Yb/Y1650 的硬度全部超过母材硬度,其中母材硬度与未处理前相比在热处理后变化不大,仅有轻微降低。

不同连接工艺的 Yb-α-SiAlON、Y-α-SiAlON,经连接后试样的断裂韧性都比未连接前高,分别为 6.0 MPa·m$^{1/2}$ 和 6.5 MPa·m$^{1/2}$,这是因为连接过程导致母材的晶粒继续长大,长径比提高,长棒状晶粒的增韧作用加强。

不同连接工艺下的 Y-α-SiAlON/Yb-α-SiAlON 接头的抗弯强度如图 11.8 所示。与母材 Y1212 和 Yb1212 的弯曲强度(524 MPa 和 515 MPa)相比,除了 1 650 ℃/10 min 接头强度与母材相当外,其他工艺下接头强度均高于母材。对于 1 650 ℃ 较低温度下连接,保温时间对接头强度影响较大,随保温时间延长,强度逐渐增大,保温 10 min 时达到最大为 601 MPa。进一步延长保温时间到 20 min,接头强度几乎不变。而对于 1 700 ℃ 连接的接头来说,保温时间对接头强度几乎没有影响,保持在 540~570 MPa。接头的高连接强度部分归结于相似热膨胀系数的两种 α-SiAlON 母材及界面间的零残余热应力[11]。

通过以上分析可以发现,在 1 650 ℃ 和 1 700 ℃ 连接均可以获得界面性能良好的 Yb-α-SiAlON/Y-α-SiAlON 连接接头,由于界面显微组织接近母材,导致界面力学性能和母材力学性能的基本类似,实现了材料连接的目的。

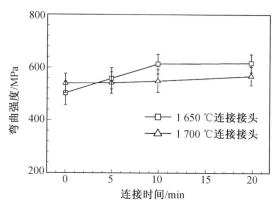

图 11.8　不同连接工艺下的 Yb-α-SiAlON/Y-α-SiAlON 接头抗弯强度[2]

图 11.9 为 Yb-α-SiAlON/Y-α-SiAlON 接头抗弯强度测试后的弯曲断口 SEM 照片。连接后的 Yb-α-SiAlON/Y-α-SiAlON 断口形貌中同时

存在母材 Yb1212 和 Y1212 的断口形貌特征。在 Yb-α-SiAlON/Y-α-SiAlON
接头的抗弯强度测试中,接头试样全部都在 SiAlON 陶瓷母材一侧起裂,裂
纹穿过连接界面,在另一侧母材处断裂,这意味着接头至少具有与母材相
当的强度。裂纹的扩展导致了粗糙的断口,如图 11.9(b) 和 11.9(c) 所
示,有大量长棒晶粒拔出的痕迹。这与前面章节中关于 α-SiAlON 断口分
析是一致的,断口与界面不平行。

热处理后 Yb-α-SiAlON/Y-α-SiAlON 接头的抗弯强度测试后的断口
(见图 11.9(a) 的#3),由于试样全部在 SiAlON 陶瓷母材一侧断裂,所以断
口形貌也全部是母材的断口形貌。在热处理后的试样断口中,可以明显发
现有异常大的晶粒存在,而且晶粒拔出现象减少,这导致了母材的强度下
降。

(a) 不同连接条件下的断口 (1#1 700 ℃/0 min, 2#1 700 ℃/20 min
3#1 700 ℃/10 min+HT1 700 ℃/120 min

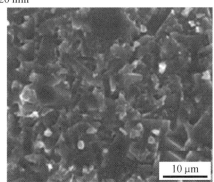

(b) Yb-α-SiAlON侧断口　　　　　　(c) Y-α-SiAlON侧断口

图 11.9　Yb-α-SiAlON/Y-α-SiAlON 接头抗弯强度测试后的弯曲断口 SEM 照片

11.5   界面元素扩散及连接机理

11.5.1   界面扩散现象

材料连接过程中原子或离子的扩散是材料连接实现物质运输的基础。α-SiAlON 连接材料的扩散连接界面虽然只有几个微米厚,但其扩散速率却比晶体内部快得多。

图 11.10 为试样 Yb/Y1650 的界面 SEM 照片和界面玻璃相能谱图,在连接过程中,界面处首先形成液相,母材中的元素向界面扩散进入液相,其中 Yb 和 Y 两种元素由于分别仅存在于一种母材中,所以扩散推动力比较大,液相中的稀土离子含量会比母材的高。

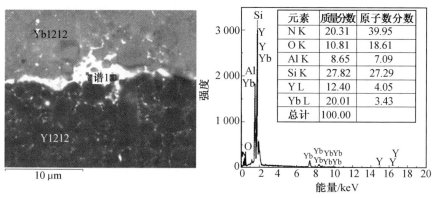

元素	质量分数	原子数分数
N K	20.31	39.95
O K	10.81	18.61
Al K	8.65	7.09
Si K	27.82	27.29
Y L	12.40	4.05
Yb L	20.01	3.43
总计	100.00	

图 11.10   试样 Yb/Y1650 的界面 SEM 照片和界面玻璃相能谱图

另外还可以发现,Y 原子数分数比 Yb 的高,这是由于 Yb^{3+} 比 Y^{3+} 半径小,在母材 α-SiAlON 陶瓷中,与 Y^{3+} 相比,有更多的 Yb^{3+} 进入到 α-SiAlON 晶粒中,较少的 Yb^{3+} 残留在晶界处。而离子从母材向界面扩散主要是通过晶界来扩散的,所以液相中 Y^{3+} 的原子数分数比 Yb^{3+} 的高。

在试样 Yb/Y1650 的界面附近扩散层还不明显,仅有几微米的扩散层厚度,说明在 1 650 ℃ 的元素扩散速率还比较低。

图 11.11 为试样 Yb/Y10 的界面 SEM 照片和元素线扫描曲线,从图中可以看出,在界面两侧都含有稀土元素 Yb 和 Y,说明了 Yb^{3+} 和 Y^{3+} 两种离子扩散进入对方母材中,Y^{3+} 的扩散量比 Yb^{3+} 的高,这与上面的分析结果一致。

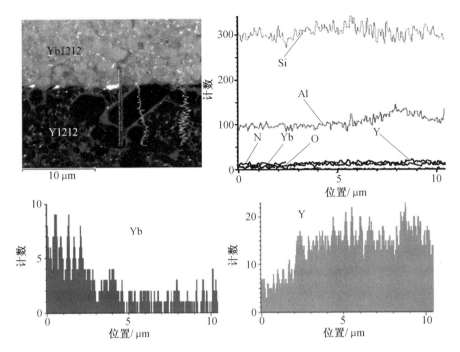

图 11.11　试样 Yb/Y10 的界面 SEM 照片和元素线扫描曲线

在界面附近的晶粒中,可以明显发现在长大后的晶粒边界处有不同于晶粒内部衬度颜色的区域,说明了 Yb^{3+} 和 Y^{3+} 两种离子扩散进入对方母材中以后,扩散进入 α-SiAlON 中形成复合稀土离子掺杂的 α-SiAlON,即 Yb/Y-α-SiAlON。

图 11.12 为 HP 热处理后的试样 Yb/Y20 的界面 SEM 照片和能谱,从图中可以明显发现不同衬度颜色的扩散层,在点 1 和点 3 的能谱中全部发现了稀土元素 Yb 和 Y,证实了前面的结果和分析。从点 2 和点 4 的能谱中可以发现,在晶粒内部没有发现由对方母材中扩散进入的稀土离子,这说明了离子扩散仅沿晶界进行,在晶粒内部没有扩散。

比较两母材材料中 Yb/Y-α-SiAlON 相的成分,即点 1 和点 3,可以发现虽然 Y^{3+} 的扩散量比 Yb^{3+} 的高,但是扩散进入 α-SiAlON 相中的 Yb^{3+} 的量比 Y^{3+} 的高。这是由于 Yb^{3+} 的离子半径比 Y^{3+} 的小,当 α-SiAlON 中已经固溶入 Yb^{3+} 后,Y^{3+} 由于离子半径较大而比较难再扩散进入,相反当 α-SiAlON 中已经固溶入 Y^{3+} 后,Y^{3+} 由于离子半径较小而容易再扩散进入。

综上,Yb-α-SiAlON/Y-α-SiAlON 界面元素扩散规律有以下几点:

(1)低温时,由于离子间的束缚比较强,扩散势垒比较高,离子基本不

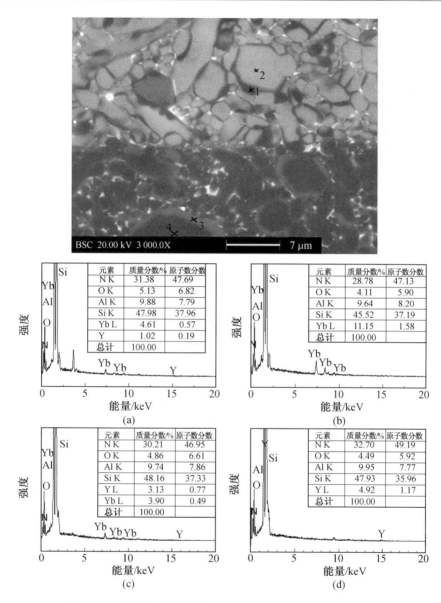

图 11.12　热处理后的试样 Yb/Y20 的界面 SEM 照片和能谱

发生扩散。

（2）当温度升高到 1 100 ℃以上时，界面处开始出现液相，在扩散推动力的作用下，母材中的元素开始向界面扩散，溶入液相之中，同时液相中的元素不断向母材内部扩散。液相中的稀土离子含量比母材中的高，其中 Y

的原子数分数比 Yb 的高。

（3）温度继续升高，存在一临界温度，当低于该温度时界面液相不断增加，液相的形成速率大于液相的扩散速率；当高于该温度时液相的扩散速率大于液相的形成速率，随时间延长界面液相逐渐减少。温度高于临界温度以后，在一定温度下保温一定时间，可以完全消除界面液相。同时有一部分液相在界面晶粒长大过程中直接吸收。

（4）液相中元素向母材扩散，主要沿晶界扩散，其中主要是 Yb^{3+} 和 Y^{3+} 两种稀土离子的扩散。Yb^{3+} 与母材 Y1212 晶界中本来就存在与 Y^{3+} 的混合，Y^{3+} 与母材 Yb1212 晶界中本来就存在与 Yb^{3+} 的混合，在晶粒长大过程中扩散进入 α-SiAlON 相，形成 Yb/Y-α-SiAlON 相。母材 Yb1212 中 Yb/Y-α-SiAlON 相的 Y^{3+} 含量比较少，Y^{3+} 主要存在于晶界处，母材 Y1212 中 Yb/Y-α-SiAlON 相的 Yb^{3+} 含量比较多。

11.5.2　界面的扩散动力学

母材中 Yb^{3+} 和 Y^{3+} 的互相扩散导致扩散层形成，在晶粒边缘处形成 Yb/Y-α-SiAlON 相。一般来说，随温度越高扩散时间越长扩散层厚度会越厚，且扩散层厚度符合菲克第二定律的扩散规律。

对于扩散连接，扩散层厚度与保温时间的关系如下式[12]：

$$x = k(Dt)^{1/2} \tag{11.1}$$

式中　　x——扩散层厚度，μm；

$\qquad$ k——与离子浓度有关的系数；

$\qquad$ D——扩散系数，$\mu m^2/s$；

$\qquad$ t——扩散时间，s。

扩散过程与扩散元素的浓度有关，测量扩散元素的浓度分布可求出系数 k。随扩散层中离子浓度从 c_0 到 0 变化，k 从 0 到 $+\infty$ 变化，系数 k 可以由下式求出：

$$\kappa = \mathrm{erf}\,c^{-1}\left(\frac{c(x,t)}{c_0}\right) \tag{11.2}$$

$$\frac{c(x,t)}{c_0} = \mathrm{erf}\,c(k) = 1 - \frac{2}{\sqrt{\pi}}\int_0^k e^{-\eta^2}\mathrm{d}\eta \tag{11.3}$$

式中　　$\mathrm{erf}\,c(k)$——余误差函数；

$\qquad$ $c(x,t)$——任一时间和位置的浓度；

$\qquad$ c_0——$t=0$ 和 $x=0$ 时的浓度。

$\mathrm{erf}\,c(k)$ 很难精确地用初等函数显式地表达出来，只能近似地查表得出。理论上来说,扩散层厚度等于试样厚度,当离子浓度很低时,扩散层很不明显,本书假设扩散层中最小浓度比为 0.1,求得的 $k \approx 1.16$。

固体中原子或离子的扩散实质是一个热激活过程,因此,温度对于扩散的影响具有重要的意义。一般而言,扩散系数 D 与温度的依赖关系服从下式[13]:

$$D = D_0 \exp\left(-\frac{Q}{RT}\right) \qquad (11.4)$$

式中　D_0—— 频率因子,为非温度项;

　　　Q—— 扩散活化能,kJ/mol;

　　　R—— 气体常数,kJ/(mol·K);

　　　T—— 扩散温度。

Q 值表示晶格中原子键的能量。Q 值越大,用于使晶格松动的能量也就越大,也就是用于克服从晶格中的一个结点位置迁移到另一个晶格中的结点位置、迁移到结点之间的位置或空穴位置的势垒所需的能量就越大。

试样 Yb/Y1650 的扩散层厚度约为 15 μm,其中 Yb1212 一侧厚度为 8 μm 左右,Y1212 一侧为 7 μm 左右。试样 Yb/Y00 界面中几乎没有扩散层,扩散层厚度等于零。

图 11.13 为试样 Yb/Y05 的扩散层厚度,从图中可以看出,试样 Yb/Y05 的扩散层厚度约为 33 μm,其中 Yb1212 一侧厚度为 16.8 μm 左右,Y1212 一侧为 15.2 μm 左右。

图 11.13　试样 Yb/Y05 的扩散层厚度[1]

图 11.14 为试样 Yb/Y10 的扩散层厚度,从图中可以看出,试样 Yb/Y10 的扩散层厚度约为 51 μm,其中 Yb1212 一侧厚度为 26.5 μm 左右,Y1212 一侧为 24.5 μm 左右。

图 11.14 试样 Yb/Y10 的扩散层厚度

图 11.15 为试样 Yb/Y20 的扩散层厚度,从图中可以看出,试样 Yb/Y10的扩散层厚度约为 82 μm,其中 Yb1212 一侧厚度为 42 μm 左右, Y1212 一侧为 40 μm 左右。

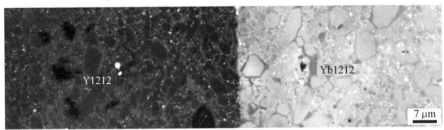

图 11.15 试样 Yb/Y20 的扩散层厚度

由于 Yb^{3+} 和 Y^{3+} 扩散特性的区别,Yb^{3+} 主要扩散入母材 Y1212 晶粒中,所以母材 Y1212 中的扩散层比较明显。Y^{3+} 主要在母材 Yb1212 的晶界玻璃相中存在,扩散进入晶粒中的比较少,所以母材 Yb1212 中的扩散层不十分明显,因此,所测得的扩散层厚度会有一定误差。$Yb-\alpha-SiAlON/Y-\alpha-SiAlON$ 的扩散层厚度具体见表 11.2。

表 11.2 $Yb-\alpha-SiAlON/Y-\alpha-SiAlON$ 的扩散层厚度

试样编号	扩散时间/s	Yb1212 一侧厚度/μm	Y1212 一侧厚度/μm
Yb/Y00	0	0	0
Yb/Y05	300	17	15.5
Yb/Y10	600	26.5	24.5
Yb/Y20	1 200	42	40
Yb/Y1650	600	8	7

根据扩散层厚度随保温时间的平方根变化曲线,在 20 min 扩散层边缘处的斜率值 K 可以求出扩散系数 D。扩散层厚度随时间的平方根近似呈直线变化,其中时间增加三倍扩散层厚度提高一倍。

由系数 $k \approx 1.16$,Yb-α-SiAlON/Y-α-SiAlON 材料中连接温度为 1 700 ℃时 Yb^{3+} 和 Y^{3+} 斜率 K 分别为 1.15 μm/s$^{1/2}$ 和 1.21 μm/s$^{1/2}$,得出 Yb^{3+} 和 Y^{3+} 的扩散系数分别为 $D_{Yb} = 1.02$ μm^2/s,$D_Y = 1.09$ μm^2/s。

因此,Yb-α-SiAlON/Y-α-SiAlON 材料中连接温度为 1 700 ℃的 Yb^{3+} 和 Y^{3+} 的扩散层厚度(μm)与保温时间(s)的变化关系分别为

$$Yb^{3+}: x = 1.15t^{1/2}$$
$$Y^{3+}: x = 1.21t^{1/2}$$

用同样的方式可近似求出 1 650 ℃时 Yb^{3+} 和 Y^{3+} 的 k 值分别为 0.284 μm/s$^{1/2}$ 和 0.328 μm/s$^{1/2}$,得出的扩散系数分别为 $D_{Yb} = 0.06$ μm^2/s,$D_Y = 0.08$ μm^2/s。

因此,Yb-α-SiAlON/Y-α-SiAlON 材料中连接温度为 1 650 ℃的 Yb^{3+} 和 Y^{3+} 的扩散层厚度(μm)与保温时间(s)的变化关系分别为

$$Yb^{3+}: x = 0.284t^{1/2}$$
$$Y^{3+}: x = 0.328t^{1/2}$$

利用 1 650 ℃ 和 1 700 ℃ 的扩散系数,根据式(10.4)可以求出 Yb^{3+} 和 Y^{3+} 的扩散活化能和频率因子。对 Yb^{3+}: $Q_{Yb} = 1.81 \times 10^6$ J/mol $= 1.81 \times 10^3$ kJ/mol,$D_0 = 8.5 \times 10^{45}$ μm^2/s,对 Y^{3+}: $Q_Y = 1.67 \times 10^6$ J/mol $= 1.67 \times 10^3$ kJ/mol,$D_0 = 1.78 \times 10^{44}$ μm^2/s。

因此,Yb-α-SiAlON/Y-α-SiAlON 材料中 Yb^{3+} 和 Y^{3+} 的扩散系数随温度的变化关系式为

$$Yb^{3+}: D = 8.5 \times 10^{45} \exp\left(-\frac{1.81 \times 10^6}{RT}\right)$$

$$Y^{3+}: D = 1.78 \times 10^{44} \exp\left(-\frac{1.67 \times 10^6}{RT}\right)$$

根据以上两式可以作 Yb^{3+} 和 Y^{3+} 扩散系数对数值随温度的变化曲线(图 11.16),可以看出,在 Yb-α-SiAlON/Y-α-SiAlON 材料中,Yb^{3+} 和 Y^{3+} 的扩散系数随温度的升高而升高,Y^{3+} 比 Yb^{3+} 的扩散系数高,这是由于 Yb-α-SiAlON/Y-α-SiAlON 材料中晶界 Y^{3+} 含量比较高,扩散系数是与扩散元素浓度紧密相关的,因此扩散系数较高。

结合扩散规律公式,总结出 Yb-α-SiAlON/Y-α-SiAlON 材料中连接温度和保温时间与 Yb^{3+} 和 Y^{3+} 的扩散层厚度关系式为

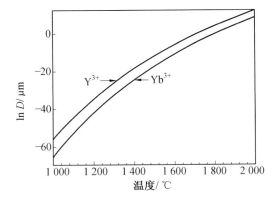

图 11.16　Yb 和 Y 扩散系数对数值随温度的变化曲线[1]

$$Yb^{3+}: x = 5.3 \times 1\,022t^{1/2}\exp\left(-\frac{1.81 \times 10^6}{RT}\right)$$

$$Y^{3+}: x = 7.74 \times 1\,021t^{1/2}\exp\left(-\frac{1.67 \times 10^6}{RT}\right)$$

11.5.3　扩散连接机理

α-SiAlON 陶瓷无中间层扩散连接过程与陶瓷烧结过程（液相烧结）相似,是有液相参与的扩散连接,主要分为四个阶段:物理接触、接头液相形成、塑性形变以及扩散与晶粒长大。

（1）物理接触阶段。

α-SiAlON 陶瓷经过表面抛光,装入模具以后放入 SPS 烧结炉进行连接,开始升温同时施加压力,在压力的作用下连接件之间形成实际接触（或物理接触）。由于待接表面的微观粗糙起伏,在材料连接接头处不会是两个平面接触,而是点与点或点与面接触。这一阶段从开始升温持续到1 200 ℃左右。

（2）接头液相形成阶段。

温度升高到 1 200 ℃后,在 Yb-α-SiAlON 和 Y-α-SiAlON 母材中逐渐有液相出现;随着温度不断升高,由于母材中元素向接头界面扩散以及部分 α-SiAlON 相溶入液相之中,使得接头液相不断增加。液相的产生和部分 α-SiAlON 相溶入液相导致母材表面粗糙度进一步下降,进一步促进了接缝处致密。但由于凸出 α-SiAlON 晶粒的存在,母材表面仍不能完全接触。此阶段一直持续到 1 670 ℃左右。

（3）塑性变形阶段。

温度达到 1 670 ℃ 左右，接头处表面凸出部位开始发生塑性屈服，产生塑性变形，使连接接头接触面积增加，这是由于凸出的 α-SiAlON 晶粒达到塑性屈服的条件引起的。塑性变形过程从 1 670 ℃ 左右开始到 1 700 ℃ 保温过程一直在进行，到保温时间为 5 min 时基本结束。这从保温 0 min 的试样 Yb/Y00 和保温 5 min 的试样 Yb/Y05 接头 SEM 照片（图 11.5（b）和图 11.5（c））可以看出。

（4）扩散与晶粒长大阶段。

元素扩散在液相形成阶段就已经开始，在塑性形变的整个阶段扩散明显，但在 1 700 ℃ 之前元素的扩散速率比较慢。温度达到 1 700 ℃ 以后，元素扩散速率迅速提高，界面液相不断向两侧母材中扩散，同时母材中晶粒不断吸收液相并向接头界面生长，消除接头界面处的气孔和缺陷。从试样 Yb/Y05 的接头 SEM 照片可以看出（图 11.13），1 700 ℃ 保温 5 min 以后接头液相基本消失，同时两母材基本实现晶粒完全接触。同时在温度达到 1 700 ℃ 以后至保温 5 min 的时间里由于塑性形变仍在继续，导致了液相迅速扩散，使接头致密程度进一步提高，基本达到完全致密。继续延长保温致密度基本不变，但接头界面处晶粒继续长大，并有晶粒长大穿过接头进入对方母材中，也有 Yb-α-SiAlON 与 Y-α-SiAlON 通过 Yb/Y 复合 α-SiAlON 来实现长大在一起，这在接头 SEM 照片中可以明显发现。

最后，当达到一个恰当保温时间（约为 20 min）后，α-SiAlON 接头微观结构和力学性能与母材类似，实现了陶瓷与陶瓷无中间层的可靠连接。

参考文献

［1］侯庆龙. α-SiAlON 陶瓷的扩散连接研究［D］. 哈尔滨：哈尔滨工业大学，2009.

［2］LIU L M, YE F, ZHOU Y, et al. Fast bonding α-SiAlON ceramics by spark plasma sintering［J］. J. Euro. Ceram. Soc. , 2010, 30, 2683-2689.

［3］MELÉNDEZ J J, RODRÍGUEZ A D. Creep of silicon nitride［J］. Prog Mater Sci. , 2004, 49：19-107.

［4］MELÉNDEZ J J, MELENDO J M, RODRÍGUEZ A D, et al. Creep behaviour of two sintered silicon nitride ceramics［J］. J. Eur. Ceram. Soc. , 2002, 22：2495-2499.

［5］CHIHARA K, HIRATSUKA D, TATAMI J, et al. High-temperature deformation of α-SiAlON nanoceramics without additives[J]. Scripta Mater, 2007, 56:871-874.

[6] KURAMA S, HERRMANN M, MANDAL H. The effect of processing conditions, amount of additives and composition on the microstructures and mechanical properties of α-SiAlON ceramics [J]. J. Eur. Ceram. Soc., 2002,22: 109-119.

[7] BANDYOPADHYAY S, HOFFMANN M J, PETZOW G. Desification behavior and properties of Y_2O_3-containing α-SiAlON-based composites [J]. J. Am. Ceram Soc., 1996,79:1537-1545.

[8] MENON M, CHEN I W. Reaction densification of α-SiAlON: II Densification behavior [J]. J. Am. Ceram Soc., 1995, 78: 553-559.

[9] ROSENFLANZ A, CHEN I W. Phase relationships and stability of α-SiAlON[J]. J. Am. Ceram. Soc., 1999, 82:1025-1036.

[10] YE F, HOFFMANN M J, HOLZER S, et al. Effect of the amount of additives and post-heat treatment on the microstructure and mechanical properties of yttrium-α-SiAlON ceramics[J]. J. Am. Ceram Soc., 2003, 86:2136-2142.

[11] ABED A, HUSSAIN P, JALHAM I S. Joining of SiAlON ceramics by a stainless steel interlayer[J]. J. Eur. Ceram. Soc.,2001, 21: 2803-9280.

[12] AKSELSEN O M. Review diffusion bonding of ceramics[J]. J. Mater. Sci., 1992, 27, 569-579.

[13] 陆佩文. 无机材料科学基础[M]. 武汉:武汉理工大学出版社,1996.

名词索引

A

暗场像　2.4
奥斯瓦尔德熟化　5.2

B

棒状晶　2.3
背散射电子像　5.1
钡铝硅氧化物玻璃　5.1
钡长石相　2.2
表面能　1.2
玻璃相　1.1
玻璃转化温度　3.1
泊松比　9.2

C

层错　1.1
差热分析　9.1
掺杂　2.4
长径比　2.1
场强　3.1
衬度　3.1
成分梯度　2.2
成分消耗区　9.1
传质速率　1.2
粗化　7.1
错配位错　4.1

D

单斜相　5.1
氮化硅　1.1
氮化物　1.1
倒易晶格　2.4
等价电荷　1.1
等轴晶　2.3
低扩散性　1.1
第一性原理　8.1
电子束　4.2
短波长光线　8.1
断口　2.4
断裂韧性　1.3

E

二次析晶相　1.3

F

反射系数　8.1
反应烧结　1.2
范德瓦耳斯力　2.4
方石英　9.1
非均匀形核　4.1
腐蚀　2.4
富聚　5.2

230